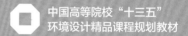
中国高等院校"十三五"
环境设计精品课程规划教材

解君 / 主编

Decorative Materials and Construction

装饰材料与构造

U0244287

中国青年出版社

前言

　　随着国民生活物质水平的不断提高和精神需求的逐步提升，人们对空间的形式和装饰也提出了创新需求。如何利用现代科学技术和新型装饰材料来营造良好的室内环境与氛围，成为整个环境艺术设计专业所要思考的问题。它有助于环境艺术设计专业的发展，有助于促进整个建筑与室内设计行业的发展，同时也使建筑与室内设计的人才培养教育日趋成熟。

　　《装饰材料与构造》旨在提高学生对材料与构造的审美水平，使学生能够全面概括地了解装修材料、构造与施工工艺，熟知国家相关规范和基本要求。在把握好理论与实践基础内容的同时，强调以适用、经济、美观为本的原则。

　　本书根据国家规范和建筑装饰行业的最新发展要求编写。内容以装饰材料与装饰构造工艺为主，重点介绍了装饰材料中的新材料，装饰构造中新的或具有代表性的构造工艺。全书分为十章，分别从石质、木质、玻璃、陶瓷、金属、石膏、软质装饰材料、涂料、装饰构造与施工工艺十个方面深入浅出、图文并茂地进行讲解，并配以大量构造图例及装饰实例，突出了实用性和可操作性。本书既可作为高等院校和高职高专的专业教材，也可作为本行业相关人士的培训教材及参考书。

现代科技发展日新月异，新材料、新工艺不断涌现，构造和施工工艺不断更新。这要求我们在学习过程中要灵活掌握，紧跟行业的技术发展，学习最新的知识和技术。本书在编写过程中参考了大量相关书籍和图片资料，虽然在编写过程中做了诸多努力，但由于编者水平有限，加之时间仓促，难免有一些疏漏或谬误，敬请专家、同仁提出宝贵意见。

编 者

目录

04 玻璃装饰材料

05 陶瓷装饰材料

06 金属装饰材料

07 石膏制品装饰材料

08 软质装饰材料

09 装饰涂料

10 装饰构造与施工工艺

概述

建筑装饰材料是建筑材料的一个分支，又称"饰面材料"，是建筑装饰工程的物质基础。建筑装饰工程的实际效果往往通过建筑装饰材料及其配套产品的色彩、质感、纹理和形状尺寸等因素体现。建筑装饰材料的价格在很大程度上影响着整个建筑装饰工程的造价，一般占装饰工程总造价的 60%~70%，因此作为设计师必须熟练掌握各类常用装饰材料的性能特点和适用范围，才能做出更好的设计。

1.1 装饰材料的作用

装饰材料不仅应起到较好的装饰美化作用和保护建筑物的作用，而且应具备相应的装饰适用功能，满足建筑装饰场所的功能需求。只有三者兼顾，达到完美统一，装饰工程才能取得整体上的最佳效果。

装饰材料的首要作用是美化，即装饰建筑物，美化室内外环境。设计师通过对材料色彩、质感、构造图案等巧妙地处理来改善空间，弥补原建筑设计的不足，营造出理想的空间氛围和意境，从而美化空间环境。

第二个作用是保护。由于建筑装饰材料大多数用于各种基体的表面，因此装饰材料应能保护建筑基体不受或少受不

利因素的影响，从而延长建筑物的使用寿命，这就要求建筑装饰材料应该具有较好的耐久性。

第三个作用是装饰适用。不同的功能空间应秉着适用不同装饰材料的原则，如浴室材料应具有防滑、防水性；舞厅墙面材料则应具备防火隔音功能。因此，装饰材料应具备相应的装饰适用功能。

1.2 装饰材料的基本性能

装饰材料除必须具有装饰效果外，因其用于建筑物的部位不同，承担的功能不同，还应具备相应的基本性能。如顶棚材料应具有隔热、吸声性能；楼梯、踏步等地面材料应具有耐磨损性能；用于建筑物外部的装饰材料，如墙外砖，外墙涂料等由于长期暴露在大气中，经常要受到风吹、雨淋、日晒、冰冻等自然条件的影响，故还要求装饰材料具有良好的耐久性能。

1.2.1 颜色、光泽、透明性

颜色反映了材料的色彩特征，不同的色彩给人的心理感受不同。

光泽是材料表面方向性反射光线的性能，对形成材料表面上物体形象的清晰程度起到决定性作用。材料表面越光滑，光泽度越高，当为定向反射时，材料表面具有镜面特性，则称为镜面反射。不同的光泽度，可改变材料表面的明暗程度，并可扩大视野或者造成不同的虚实对比。

透明性是指光线透过物体时所表现的光学特性。能透视的物体是透明体，如普通的平板玻璃；能透光但不透视的物体为半透明体，如磨砂玻璃（如图1-1）；不能透光透视的物体为不透明体，如木材。

1.2.2 花纹图案、形状、尺寸

在生产或加工材料时可利用不同的工艺将材料表面做成各种不同的表面组织，如粗糙、平整、镜面、凹凸、麻点等；或将材料的表面制作成各种花纹图案，或拼镶成各种图案用以装饰（如图1-2）。

材料的形状和尺寸能影响空间尺寸的大小和使用时的舒适度。设计师在装饰设计时应考虑到使用人群的需求，对装饰材料的形状和尺寸做出合理的规划。

图 1-1 磨砂玻璃

1.2.3 质感

质感是材料的表面组织结构、花纹图案、颜色、光泽、透明性等给人的一种综合感觉。如钢材、陶瓷、木材、玻璃、布面等材料给人软硬、轻重、粗细、冷暖等不同感受。不同材料拥有不同的质感，一般粗糙不平的表面给人以粗犷豪迈的感受，而光滑细致的平面让人感觉细腻精美（如图 1-3、图 1-4）。

图 1-2 陶瓷锦砖

图 1-3 LOFT 空间钢结构

图 1-4 布面软包墙面

1.2.4 耐污性、易洁性与耐擦性

　　材料表面可抵抗污物，保持原有颜色和光泽的性能称为材料耐污性。

　　材料表面易于清洁即易洁性。良好的耐污性和易洁性是材料历久常新，长期保持其装饰效果的重要保证。用于地面、台面、外墙及卫生间、厨房等的装饰材料需考虑这两个重要特性（如图 1-5）。

　　材料耐擦性实质上是材料的耐磨性，可分为干擦和湿擦。耐擦性越高则材料使用寿命越长，内墙涂料要求具有较高的耐擦性。

图 1-5 厨房

1.3

装饰材料的分类和选择

装饰材料种类繁多，具体品牌更加繁杂，随着科技的发展，装饰材料更新换代速度快，新材料、新品种层出不穷。为了能够科学、合理地选择和使用这些装饰材料，首先应对其进行科学分类，最常见的分类有如下几种。

1.3.1 按材料的材质分类

表 1-1　材料材质分类表

金属材料	黑色金属材料	不锈钢、彩色不锈钢
	有色金属材料	铝及铝合金、铜及铜合金、金银
非金属材料	无机材料	天然装饰石材：天然大理石、天然花岗岩
		陶瓷装饰制品：釉面砖、彩釉砖、陶瓷锦砖等
		玻璃装饰制品：吸热玻璃、中空玻璃、压花玻璃、压膜玻璃、夹丝玻璃、玻璃空心砖等
		石膏装饰制品：装饰石膏板、纸面石膏板、装饰吸声板等
		白水泥、彩色水泥、灰水泥
		装饰混凝土：彩色混凝土路面砖、水泥混凝土花砖
		装饰砂浆
		矿棉、矿棉吸声板等
	有机材料	木质装饰材料：胶合板、纤维板、细木工板、木地板等
		竹材、藤材装饰制品
		装饰织物：地毯、墙布、窗帘类材料
		塑料装饰制品：塑料壁纸、塑料地板、塑料装饰板等
		装饰涂料：地面涂料、外墙涂料、内墙涂料
复合材料	有机与无机复合材料	人造大理石、人造花岗岩等
	金属与非金属复合材料	彩色涂层钢板、铝塑板等

1.3.2 按材料在建筑物中的装饰部位分类

表 1-2　材料在建筑装饰中的分类表

类型	部位	种类	材料列举
外墙装饰材料	外墙、阳台、台阶、雨棚等建筑物全部外露部位	石质材料	天然花岗岩、天然大理石、青石板、文化石、人造石等
		外墙砖	陶瓷面砖、陶瓷锦砖、仿石砖等
		玻璃制品	幕墙玻璃、吸热玻璃、中空玻璃、玻璃马赛克等
		金属材料	铝合金、不锈钢、铜、彩色钢板等
		外墙涂料	水泥系涂料、溶剂型外墙涂料、乳液型外墙涂料等

表 1-2（续）

01—概述

类型	部位	种类	材料列举
内墙装饰材料	内墙面、墙裙、踢脚线、隔断、花架等内部结构	装饰板	木质饰面板、金属装饰板、软木片、装饰吸音板等
		内墙涂料	有机涂料、无机涂料、复合涂料、墙面漆等
		墙纸	纺织物壁纸、天然材料壁纸、金属壁纸、塑料壁纸等
		墙布	化纤墙布、棉纺墙布、无纺墙布、玻璃纤维墙布、天然皮革、人造皮革等
		石质材料	人造大理石饰面板、文化石、天然花岗岩饰面板、天然大理石饰面板等
		墙面砖	陶瓷墙面砖、陶瓷锦砖、仿石砖等
		玻璃制品	彩色玻璃、压花玻璃、夹丝玻璃、镭射玻璃、玻璃砖等
		金属材料	浮雕铜、不锈钢、铝合金等
地面装饰材料	地面、楼面、楼梯等结构	地面砖	陶瓷地砖、红砖、锦砖、玻化砖、麻面砖等
		木地板	实木地板、实木复合地板、复合强化地板、竹地板等
		塑料地板	塑料方块地板、塑料地面卷材、橡胶地板等
		地毯	纯羊毛地毯、混纺地毯、合成纤维地毯、植物纤维地毯等
		石质材料	人造石饰面板、文化石、天然花岗岩饰面板、天然大理石饰面板等
		地面涂料	地板漆、环氧树脂地坪等
顶棚装饰材料	室内及顶棚	金属吊顶材料	轻钢龙骨、铝合金龙骨、铝合金吸音板、不锈钢板等
		木质吊顶材料	实木板条、木质饰面板、穿孔吸音纤维板等
		矿物装饰板	石膏装饰板、矿棉吸声板等
		玻璃吊顶材料	镜面玻璃、磨光玻璃、彩色玻璃、彩绘玻璃、镭射玻璃等
		涂料	有机涂料、无机涂料、复合涂料等
		塑料吊顶材料	PVC 扣板、有机玻璃板等

1.3.3 按材料的燃烧性能情况分类

燃烧性是指金属或非金属材料对火焰和高温的抵抗能力，根据材料的耐燃能力，分为不燃材料、难燃材料、可燃材料和易燃材料。

A 级材料——具有不燃性，如装饰石膏板、花岗岩、大理石、玻璃等。

B1 级材料——具有难燃性，如装饰防火板、阻燃塑料地板、阻燃墙纸等。

B2 级材料——具有可燃性，如胶合板、木工板、墙布等。

B3 级材料——具有易燃性，如油漆、酒精、香蕉水等。

表 1-3 常用建筑内部装饰材料燃烧性能等级划分表

各部位材料类型	级别	材料列举
顶棚材料	B1	纸面石膏板、矿棉吸声板、微孔吸声铝板、难燃中密度纤维板等
墙面材料	B1	纸面石膏板、矿棉板、难燃胶合板、多彩涂料、难燃壁纸、难燃墙布等
	B2	各类天然木材、木质人造板、竹材、胶合板、塑料壁纸、无纺布壁纸等
地面材料	B1	硬 PVC 塑料地板、橡胶地板等
	B2	木地板、化纤地毯、PVC 卷材地板等
装饰织物（软装）	B1	经阻燃处理的各种难燃织物等
	B2	纯毛装饰布、纯麻装饰布、经阻燃处理的其他织物等
其他装饰材料	B1	经阻燃处理的各种织物、树脂塑料装饰型材等
	B2	玻璃钢、化纤织物、木制品

表 1-4　单、多层民用建筑内部各部位装饰材料的燃烧性能等级表

建筑物及场所	建筑规模、性质（单位／m²）	装饰材料燃烧性能等级							
		顶棚	墙面	地面	隔断	固定家具	装饰织物		其他
							窗帘	帷幔	
候机楼大厅、商店、餐厅、售票厅、贵宾候机厅等	建筑面积 > 10 000 的候机楼	A	A	B1	B1	B1	B1	–	B1
	建筑面积 ≤ 10 000 的候机楼	A	B1	B1	B1	B2	B2	–	B2
汽车、火车站、客运站候车船室、餐厅、商场等	建筑面积 > 10 000 的车站、码头	A	A	B1	B1	B2	B2	–	B1
	建筑面积 ≤ 10 000 的车站、码头	B1	B1	B1	B2	B2	B2	–	B2
影院、会堂、礼堂、剧院、音乐厅等	> 800 人座位	A	A	B1	B1	B1	B1	B1	B1
	≤ 800 人座位	A	B1	B1	B1	B2	B1	B1	B2
体育馆	> 3000 人座位	A	A	B1	B1	B2	B1	B1	B2
	≤ 3000 人座位	A	B1	B1	B1	B2	B2	B1	B2
商业营业厅	每层建筑面积 > 3000 或总建筑面积 > 9000 的营业厅	A	B1	A	A	B1	B1	–	B2
	每层建筑面积 1000~3000 或总建筑面积 3000~9000 的营业厅	A	B1	B1	B1	B2	B1	–	–
	每层建筑面积 < 1000 或总建筑面积 < 3000 的营业厅	B1	B1	B1	B2	B2	B2	–	–
饭店、旅馆的客房及公共活动用房等	设有中央空调的饭店、旅馆	A	B1	B1	B1	B2	B2	–	B2
	其他饭店旅馆	B1	B1	B2	B2	B2	B2	–	–
歌舞厅、餐厅、娱乐、餐饮建筑等	营业面积 > 100	A	B1	B1	B1	B2	B1	–	B2
	营业面积 ≤ 100	B1	B1	B1	B2	B2	B2	–	B2
幼儿园、医院病房楼、疗养院建筑等		A	B1	B1	B1	B2	B1	–	B2
办公楼、综合楼	设有中央空调的办公楼、综合楼	A	B1	B1	B1	B2	B2	–	B2
	其他办公楼、综合楼	B1	B1	B2	B2	B2	–	–	–
住宅	高级住宅	B1	B1	B1	B1	B2	B2	–	B2
	普通住宅	B1	B2	B2	B2	B2	–	–	–

1.3.4 装饰材料的选择

建筑装饰的目的就是使人的工作和生活空间在造型尺寸、色调、光感等方面，从整体上趋向和谐，从而取得特定的装饰效果。这种装饰上的和谐在很大程度上取决于所用装饰材料的质感、纹理、色彩和造型尺寸等。

一般来说，装饰材料的选择可从以下几方面来考虑。

① 材料的外观

装饰材料的外观主要指材料的形态、质感、纹理和色彩等。如块状材料可给人稳重厚实的感觉，板状材料则给人轻盈柔和的视觉效果。不同的材料质感给人的尺度感和冷暖感是不同的，毛面石材有粗犷大方的造型效果，镜面石材则细腻光亮，不锈钢材料显得现代新颖，玻璃则通透光亮（如图1-6）。

② 材料的功能性

由于建筑物对防火、防潮、防水有不同要求，因此选择装饰材料的功能应与材料的使用场所特点结合起来考虑。如人流密集的公共场所的地面材料应选择耐磨性好、易清洁的装饰材料；而剧院地面则需要考虑吸声性；厨房和卫生间的墙面和顶面则宜采用耐污性和耐水性好的装饰材料。

③ 材料的经济性

建筑装饰的费用占建设项目总投资的比例往往高达1/2甚至2/3，其中主要原因是装饰材料和相应设备的价格较高。当然，装饰工程再投资时应从长远性、经济性的角度来考虑，例如，在做家装时，各种管线的铺设一定要考虑到今后室内家具陈设的变化情况，否则再进行内部环境改造时会遇到困难。

图 1-6　镜面玻璃天花

1.4 装饰材料的发展趋势

装饰材料的使用在人类发展的长河中已有几千年的历史了，装饰材料的发展更替是与社会生产力与生产技术密切相关的。总的来说，装饰材料应具有易施工、无毒环保和防火阻燃的特性。现代装饰材料将向着多品种、多功能、易施工、防火阻燃和环保的方向发展。

① 从单一功能向多功能发展

随着市场需求的不断升级，过去单一的装饰材料已逐渐被多功能复合型材料所取代，如玻璃这种材质不仅具备透光性，而且具有保温、隔热、隔音、防结露性、热反射等功能。

② 向绿色、环保型发展

在装饰材料的生产和使用过程中，尽量节省资源和能源，符合可持续发展的原则，以构建一个温馨、舒适、健康、安全的生活生产环境，如装饰涂料，传统油漆逐步被无毒害、无污染、无异味的水性环保型油漆所取代。

③ 向大规格、轻质量、高强度发展

现代建筑日益向框架型、超高层发展，对材料的自重、规格、强度等都有了相应的需求。从装饰材料的用材及规格尺寸层面来看，发展的趋势是规格越来越大，质量越来越轻，强度越来越高，如大规格的玻化墙地砖、人造大理石等的出现及广泛应用。

④ 从现场制作向成品、装配式安装发展

现在的装饰工程已由过去费时费力的现场制作，转变为许多装饰材料预先在工厂加工好，现场只需安装即可，如整体式厨房、塑钢门窗等。

石材装饰材料

石材是一种高档的装饰材料，它来源于岩石。岩石形成条件可分火成岩、沉积岩和变质岩三大类。市面上常见的石材主要有两大类：天然石材、人造饰面石材。石材目前被广泛应用于建筑室内外装饰、幕墙装饰以及公共设施建设中。

2.1 石质装饰材料的基本知识

石材源于岩石，按岩石的形成条件可分火成岩、沉积岩和变质岩三大类。火成岩又称岩浆岩，是地壳内部岩浆冷却凝固而成的岩石。根据冷却条件的不同又可分三类：深成岩、喷出岩和火山岩。

现代建筑室内外装饰、装修工程中采用的天然饰面石材主要有大理石和花岗岩两大类。天然石材是指天然岩石经过开采、锯切、研磨、酸洗、磨光等工艺加工而成的装饰材料。它们具有较高的强度、硬度和耐磨等优良性能，而且具有丰富多彩的天然纹理，美观自然，因而受到人们的青睐。天然石材具有较强的强度、硬度和耐磨性，天然纹理丰富，美观自然，装饰效果好，耐久性强，但造价高，多用于公共建筑和装饰等级较高的工程中。人造石材（简称人造石）则包括水磨石、人造大理石、人造花岗岩和其他人造石材。与天然石材相比，人造饰面石材具有质量轻、强度高、耐污耐腐、施工便捷、造价低廉、表面花纹图案可设计等优点，从而成为现代装饰的理想材料。

2.2 天然饰面石材

目前常用于室内外装饰的天然石材有花岗岩、大理石、砂岩、板岩和青石，其中砂岩、板岩和青石因其独特的肌理和质地，能够增加空间界面的装饰效果，又可统一归类为天然文化石。

国内外的天然岩石饰面板材的标准加工厚度为20mm，随着加工技术的发展，现在已生产出12~15mm的薄型饰面板及7~8mm的超薄型饰面板。天然石材饰面板材产品的规格越来越大、越来越薄，施工方乐于购买大规格板材，以便在施工现场按实际使用要求切割、抛光、铺贴。

2.2.1 天然大理石

大理石的主要成分是碳酸钙，结构致密（密度为2.5~2.8g/cm^3），抗压强度高（47MPa~140MPa），坚韧细腻，吸水率低（小于10%），但表面硬度不够，耐磨、耐候性都不够强，抗风化性较差，属于碱性物质，受酸性物质腐蚀后失去光泽，甚至出现孔斑现象，故不宜用在室外墙面、地面和行人过多的室内公共场所地面。

常见装饰制品如大理石踢脚线、柱头、浮雕、家具、灯具及艺术雕刻等。

大理石多为镜面板材，我国有400余个品种，如雪花白、爵士白、雅士白、银线米黄、金线米黄、金花米黄、橘皮红、红皖螺、松香玉、米黄洞石、丹东青、大花绿、浅咖网、深咖网、紫罗红、水晶直纹、杭灰、木纹石、海贝花、黑金花等（如图2-1）。

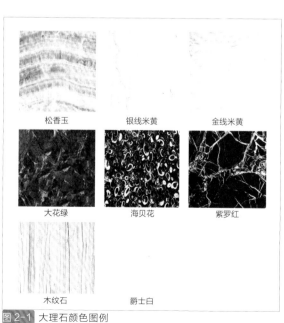

图2-1 大理石颜色图例

花色较为名贵的有以下几种。

白色系：北京房山汉白玉、安徽怀宁和贵池白大理石、河北曲阳和涞源白大理石、四川宝兴蜀白玉、江苏赣榆白大理石、云南大理苍山白大理石、山东平度和莱州雪花白等。

红色系：安徽灵璧红皖螺、橙皮红灯等。

黄色系：河南淅川的松香黄、松香玉、金线米黄、金花米黄等。

灰色系：浙江杭州的杭灰、云南大理的云灰等。

黑色系：广西桂林的桂林黑、湖南邵阳黑大理石、黑金花、海贝花等。

绿色系：辽宁丹东的丹东青等。

彩色系：大花白、大花绿等。

2.2.2 天然花岗岩

花岗岩属岩浆岩，磨光花岗岩饰面板花纹呈现粒状斑纹。常呈灰色、黄色、蔷薇色、红色等颜色，深色花岗岩较为名贵。如金字塔、古希腊神庙、古罗马斗兽场等（如图2-2、2-3）。

表2-1　天然大理石板材产品规格表

长／mm	宽／mm	厚／mm
300	150	20
300	300	20
400	200	20
400	400	20
600	300	20
600	600	20
900	600	20
1200	600	20

长／mm	宽／mm	厚／mm
1200	900	20
305	152	20
305	305	20
610	305	20
610	610	20
915	610	20
1070	750	20
1220	915	20

图2-2　狮身人面像

图 2-3 古罗马斗兽场

花岗岩构造细密（密度 2.7~2.8g/cm³），抗压强度高（120~250MPa），吸水率低于 1%，质地坚硬（硬度仅次于钻石），耐磨、耐压，属酸性岩石，化学稳定性好，不易风化变质、耐腐蚀性强，可经受 200 以上的冻融循环。花岗岩含微量放射性元素，多用于室外墙面；质脆、耐火性差，高温下（573℃ ~870℃）会爆裂。

按形状可分为普通型板材和异型板材。普通板材是正方形或长方形板材，异型板材是指其他形状的板材，如各种样式的柱头（如图 2-4）。

按表面加工工艺可分粗面板材、亚光板材和镜面板材；粗面板材即在表面加工出不同形式的凹凸纹路，如机刨板、剁斧板、火烧板等（如图 2-5），一般用于室外地面、台阶、基座、踏步等；亚光板材即经过粗磨、细磨加工而成，表面平整但无镜面效果，常用于墙面、柱面、台阶、纪念碑等；镜面板材即经过粗磨、细磨、抛光加工而成，表面平整光亮、色泽花纹明显，多用于室内外地面、墙面、立柱、广场地面、纪念碑。

花岗岩常见品种有贵妃红、枫叶红、四川红、幻彩红、将军红、珍珠啡、中国黑钻、济南青、黑金沙、古典金麻、绿星、墨绿麻、森林绿、孔雀绿、珍珠花、水晶白麻、灰钻、

图 2-4 花岗岩柱

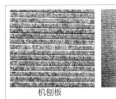

| 机刨板 | 斧剁板 | 火烧板 |

图 2-5 花岗岩粗面板

灰色系：灰钻、灰麻等。

花色系：河南的菊花青、山东琥珀花、珍珠花、大白花等。

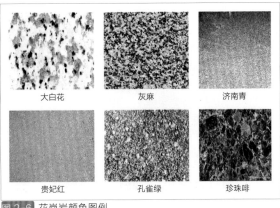

图 2-6 花岗岩颜色图例

粉红钻、灰麻、大白花等（如图 2-6）。

花色较为名贵的有以下几种。

红色系：四川的四川红、中国红，山西灵邱的贵妃红，山东的乳山红、将军红等。

黑色系：内蒙古的蒙古黑、中国黑，山东的济南青、黑钻、黑沙金等。

绿色系：河北的承德绿、孔雀绿、绿钻等。

表 2-2　天然花岗岩板材产品规格

长／mm	宽／mm	厚／mm	长／mm	宽／mm	厚／mm
300	300	20	305	305	20
300	400	20	610	305	20
600	300	20	610	610	20
600	600	20	915	610	20
900	600	20	1070	762	20
1070	750	20			

2.3 文化石

"文化石"是个统称，学术名称为铸石（Cast Stone），意为"精致的建筑混凝土建筑单元制造，模拟自然切开取石，用于单位砌筑应用"。

天然文化石从材质上可分为沉积砂岩和硬质板岩，是以水泥、沙子、陶粒等无机颜料经过专业加工及特殊的蒸养工艺制作而成，具有环保节能、质地轻、强度高、抗融冻性好等优势。一般用于建筑外墙或室内局部装饰（如图 2-7）。

根据材料可分为砂岩、板岩、青石板。

根据加工形式不同可分为蘑菇石板、乱形石板、鹅卵石、条石、彩石砖和石材马赛克等种类。

砂岩：一种亚光型饰面石材，属于沉积岩的一种，分为海砂岩和泥砂岩两种。海砂岩成分结构颗粒比较粗，硬度比泥砂岩高，脆性也较大，作为装饰板材厚度不可能很薄，常用厚度一般是 20~30mm，主要代表品种有澳大利亚砂岩、西班牙砂岩；而泥砂岩比较细腻，表面呈亚光，硬度稍软于海砂岩，花纹奇特，酷似树木的年轮或画家笔下的山水画，是室内外墙面装饰的上好品种。具有天然的漫反射性和防滑性，呈白色、灰色、淡红色、黄色等。吸潮性好，不易风化，不长青苔，易清理，但脆性较大，孔隙率和吸水率高，耐久性差。具有吸音、防火等特性，特别适用于有较高吸音要求的影剧院、图书馆、体育馆等公共建筑物（如图 2-8、2-9、2-10）。

图 2-7　室内文化石主题墙

图 2-8　砂岩浮雕壁画

图 2-9　砂岩

图 2-10　砂岩

　　板岩：一种具有板状构造，基本没有重结晶的岩石。是一种变质岩，原岩为泥质、粉质或中性凝灰岩，沿板理方向可以剥成薄片。板岩的颜色随其所含有的杂质不同而变化。板岩具有结构致密，强度较大，耐火、耐水、耐寒，但脆性大，不易磨光的特点。常呈黑、蓝黑、灰、蓝灰、红及杂色斑点等不同色调。瓦板岩属于粘连板岩，主要用于安装屋顶，通过多种规格和形式与多变的排列和叠加，使屋面更富立体感，是欧洲的一种传统建筑用材（如图 2-11）。板岩还包括锈板岩，色彩绚丽，图案多变，有粉锈、水锈、玉锈、紫锈等类型（如图 2-12）。常作为室内外墙面装饰，作为室内墙面时可营造一种欧美乡村风情（如图 2-13）。

图 2-11　瓦板岩

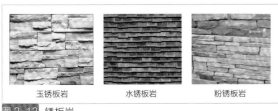

| 玉锈板岩 | 水锈板岩 | 粉锈板岩 |

图 2-12　锈板岩

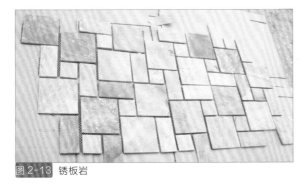

图 2-13　锈板岩

青石板：青石板学名石灰石，是水成岩中分布最广的一种岩石，全国各地都有产出，主要成分为碳酸钙及黏土、氧化硅、氧化镁等。当含氧化硅高时，青石板硬度就高，青石板容重为 1000~2600kg/m³，抗压强度为 10100MPa。呈现灰色，新鲜面为深灰色。具有材质软、吸水率大、易风化、耐久性差。呈鲕状结构，易撬裂成片状青石板，直接应用于建筑。表面一般不经打磨，纹理清晰，用于室内可获得天然粗犷的质感。用于地面不但能够起到防滑的作用，还能有硬中带"软"的装饰效果（如图 2-14）。

蘑菇石板：呈长方形厚板，大多用于内、外墙装饰，品种有花岗岩蘑菇石板、石英蘑菇石板、粉砂岩蘑菇石板、板岩蘑菇石板等（如图 2-15）。

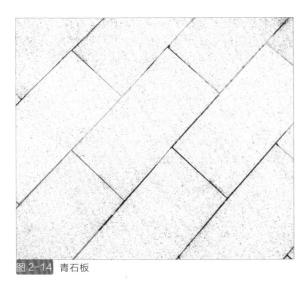

图 2-14　青石板

图 2-15　蘑菇石板

乱形石板：分为规则乱形石板和非规则的平面乱形石板。前者为大小不一的规则形状，如三角形、长方形、正方形、菱形等，用于地面装饰的也有六边形等多边形；后者多为规格不一的直边乱形（如任意三角形、任意四边形及任意多边形）和随意边乱形（如自然边、曲边、齿边等）。乱形石板的色彩可以是单色，也可以为多色，可以是粗面、自然面或磨光面，多用于墙面、地面、广场路面等装饰（如图 2-16）。

图 2-16　不规则乱形石板铺地

鹅卵石：一种自然形成的无棱角岩石颗粒，分为河卵石、海卵石和山卵石。鹅卵石的形状多为圆形，表面光滑，与水泥的黏结较差，拌制的混凝土拌合物流动性较好，但强度较低。表面呈天然磨圆度，或打磨抛光成类似雨花石，一般尺寸为 0.93cm 以下的小卵石、39cm 以下的中卵石及 9cm 以上的大卵石，不仅可用于外墙面、地面等，也可用于室内的地、墙、柱面；可以铺贴，也可任意撒落起到装饰效果（如图 2-17、2-18、2-19）。

图 2-17　彩色鹅卵石

图 2-20　条石

彩石砖：仿砖类石材，规格多为 100mm×100mm，广泛用于广场、庭院等地面的铺设。材质坚实，不会因气候变化或低温影响而发生质变，具有防滑效果（如图 2-21）。

图 2-18　鹅卵石铺地

图 2-21　彩石砖铺地

石材马赛克：将天然石材开解、切割、打磨成各种规格、形态的马赛克块用于拼贴，是一种古老和传统的装饰石材。风格古朴、高雅是马赛克石材的特点，有亚光面和亮光面两种形态；规格有方形、条形、圆角形、圆形和不规则平面、粗糙面（如图 2-22）。

图 2-19　鹅卵石墙面

条石：也称料石，是由人工或机械开拆出的较规则的六面体石块，用来砌筑建筑物用的石料。按其加工后的外形规则程度可分为毛料石、粗料石、半细料石和细料石四种。按形状可分为条石、方石及拱石。形状、厚度、大小不一的条状石板，经过堆砌，层层交错叠垒，叠垒方向可水平、竖直或倾斜，可结合成各种粗犷、简单的图案和线条，其断面可平整也可参差不齐（如图 2-20）。

图 2-22　石材马赛克

2.4 人造饰面石材

随着现代建筑事业的发展，对装饰材料提出了轻质、高强、美观、多品种的要求，人造饰面石材就是在这种形势下出现的。它重量轻、强度高、耐腐蚀、耐污染、施工方便、花纹图案可人为控制，是现代建筑理想的装饰材料。

2.4.1 人造石简述

人造石又称合成石，是采用凝胶材料黏结，以天然砂、碎石、石粉或工业渣等为填充料，经过成型、固化、表面处理而合成的一种材料，能够模仿天然石材的花纹和质感；色泽鲜艳、花色繁多、装饰性好；它的色彩、花纹图案可根据设计意图制作。与天然石材相比，合成石是一种比较经济的饰面材料，同时不失天然石材的纹理与质感，效果可以假乱真。可加工成各种曲面、弧形等天然石材难以加工成的形状，表面光泽度高，甚至超过天然石材；质量轻，厚度一般小于 10mm、最薄的可达 8mm，强度高，耐酸碱，抗污染；不需要锯切设备锯割，可一次成型为板材。

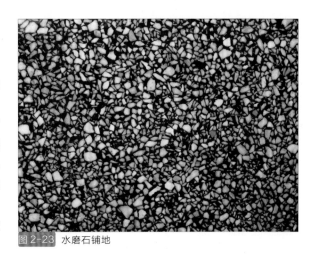

图 2-23 水磨石铺地

2.4.2 人造石材的类型

按材质可分为水泥型人造石材、聚酯型人造石材、复合型人造石材、烧结型人造石材、微晶玻璃型人造石材等。

按仿天然石材类型可分为人造花岗岩、人造大理石（含人造玉石）、水磨石制品、人造艺术品等。

水泥型人造石材：以各种水泥（白色、灰色或彩色水泥）为胶结材料，以天然砂为细骨料，以天然花岗岩碎石、天然大理石碎石等为粗骨料，加颜色与水按比例混合，经成型磨光和抛光等工序而制成。主要有水磨石（如图2-23）、花阶砖、人造艺术石。表面光泽度高，花色、纹理耐久性好，抗风化、防潮、耐冻和耐火性能良好；但不耐腐蚀，不好养护，容易龟裂（如图2-24）。

聚酯型人造石材：以有机树脂为胶结剂，与天然碎石、石粉、颜料及适量阻燃剂、稳定剂等少量附加剂等原料配制搅拌成混合料，经过固化、脱模、烘干、抛光等制作成材料，石材的颜色、花纹和光泽都可以模仿天然大理石、花岗岩、玛瑙石、玉石等的装饰效果，故称为"人造大理石""人造花岗岩""人造玛瑙石""人造玉石"等，多用于卫生洁具、工艺品及浮雕线条等制作，如浴缸、马桶、水斗、面盆、淋浴房等；可用于室内墙面、地面、柱面、台面的镶贴。其特性是质量轻、强度大、表观密度比天然石材小，但抗压强度高（可达 110MPa）不易碎，可制成大幅面薄板、耐磨、耐酸碱腐蚀、具有较强耐污染力；可钻、可锯、可黏结，加工性能良好；但耐热、耐候性差，易发生翘曲（如图2-25）。

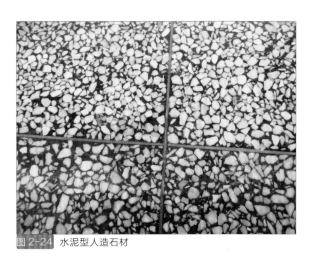

图 2-24 水泥型人造石材

图 2-25 聚酯型人造石材

表 2-3　聚氨酯型人造石材常见品种和规格表

品　种	品　名	规格 /mm			备注
		长	宽	厚	
人造大理石板	红五花石	450	450	8~10	种类规格较多，花色特征均模仿天然大理石
	蔚蓝雪花	800	800	15~20	
	絮状墨壁	600	600	10~12	
	栖霞深绿	700	700	12~15	
人造花岗岩板	奶白、麻花、彩云、贵妃红、锦黑	1730	890	12	图案与色彩多种多样
人造玉石板	白云紫	400	400	10	白色
	天蓝红	400	400	10	蓝红色
	芙蓉石	400	400	10	粉红色
	黑白玉质板	400	400	10	黑白花纹
	山田玉硬板	400	400	10	黑白花纹
	碧玉黑金星板	400	400	10	绿色带金星

复合型人造石材：既含水泥（快硬水泥、白水泥、铝酸盐水泥），又含有机树脂胶结材料制成的人造石材；表面可采用聚酯和大理石、花岗岩石粉制作，以获得最佳的装饰效果；具有质轻、耐磨、防水、质美、价廉、光泽度高、花纹美丽、抗污染和耐候性好等优点，但受到温差影响后，表面易产生剥落或开裂（如图2-26）。

图2-26 复合型人造石材

烧结型人造石材：生产方法与陶瓷工艺相似，是将长石、石英、辉绿石、方解石等粉料和赤铁矿粉，以及一定量的高龄土共同混合，一般配比为石粉60%，黏土40%，采用混浆法制备坯料，用半干压法成型，再在窑炉中以1000℃左右的高温焙烧而成。烧结型人造石材的装饰性好，性能稳定，但需经高温焙烧，因而能耗大，造价高。由于不饱和聚酯树脂具有黏度小、易于成型，光泽好，颜色浅、容易配制成各种明亮的色彩与花纹，固化快、常温下可进行操作等特点，因此在上述石材中，是目前使用最广泛的。其物理、化学性能稳定，适用范围广，又称聚酯合成石（如图2-27）。

微晶玻璃型人造石材：又称微晶板或微晶石，是指组合玻璃颗粒经焙烧和晶化，制成由玻璃相和结晶相组成的复相材料。微晶玻璃型人造石材色泽多样，有白色、米色、灰色、蓝色、绿色、红色、黑色、花色等，且色差小，光泽柔和，装饰效果好。可用于建筑内、外墙面及柱面、地面和台面等。抗压强度高、硬度高、耐磨、抗冻、耐污、吸水率低、耐酸碱、耐风化，无放射性、热稳定性能和电绝缘性良好，可制成平面和曲面（如图2-28）。

图2-28 微晶玻璃型人造石材

图2-27 烧结型人造石材

2.5 新型石质装饰材料

天然石材复合板：这是一种将天然石材超薄板与陶瓷、铝塑板、铝蜂窝板等基材复合而成的高档建筑装饰新产品，属于石材新型材料，可根据不同的使用要求和使用部位采用不同基材的复合板。石材复合板技术诞生于西班牙，国内于 1997 年开始研发，目前市场认知度和认可度较高，主要集中在西班牙、德国、意大利、美国、澳大利亚、日本及韩国等。

重量轻、强度高，适合用于墙面与天花板装饰，石材铝蜂窝复合板作为建筑内、外墙的干挂材料备受青睐，一般用于大型高档建筑，如机场、展览馆、五星级酒店等。基材采用玻璃的复合板则具备透光的装饰效果，内部可使用干挂和镶嵌方式安装灯具。

特性：重量轻，最薄可达 5mm（铝塑板基材），常用瓷砖复合板厚度也只有 12mm 左右，是楼体有承重限制的建筑装饰的最佳选择。强度高，天然石材与瓷砖、铝蜂窝板等复合后，其抗弯、抗折、抗剪切的强度明显得到提高；抗污染能力提高；更易控制色差；安装方便；装饰部位多种多样，建筑内（外）墙、地面、窗台、门廊、桌面等均可安装。铝蜂窝复合板轻盈，隔音、防潮，隔热、防寒等；节能、降耗、降低成本（如图 2-29）。

图 2-29 石材铝蜂窝复合板

木质装饰材料

木材具有许多良好的性能：易于加工、有较好的弹性和塑性、在干燥环境或长期置于水中均有很好的耐久性。因而木材历来与水泥、钢材并列为建筑工程的三大材料。由于木材具有美丽的天然纹理，柔和温暖的视觉及触觉特性，能给人以古朴、雅致、亲切的质感，因此木材作为装饰与装修材料，具有独特的魅力和价值，在装修行业被广泛使用。

3.1
木质装饰材料的基本知识

木材的树种很多，从树叶的外观形状可将木材分为针叶木和阔叶木两大类。

针叶木树叶细长如针，多为常绿树（如松、杉、柏），树干通直高大，纹理平顺，木质软而易于加工，所以又称"软木材"。耐腐蚀性较强、强度较高、体密度大，胀缩形变较小，含树脂多。常用树种有红松、云杉、冷杉、柏木等。作为建筑用材，针叶木广泛用于各种承重构件、装饰和装修部件。

阔叶木树叶宽大，多为落叶树，树干通直部分一般较短，木质较硬。体密度大、质地较坚硬，又称"硬木材"。木材胀缩和翘曲变形大，易开裂，难加工，适用于室内装修、制作家具及胶合板等。常用树种有樟木、榆树、榉木、水曲柳、椴木、柞木等。按加工程度和用途可分为原条、原木、板方材等。

3.2
木质人造装饰板材

人造板材指利用木材指加工过程中剩下的废料，如边皮、碎料、刨花、木屑等，对其加工处理而制成的板材。木质装饰板的种类很多，如建筑工程中常用的宝丽板、细木工板、胶合板、纤维板、刨花板、纤维板、澳松板、木丝板等。这类板材与天然木材相比，版面宽、表面平整光洁，没有节子、虫眼，不开裂，不翘曲，经过加工处理后具有防水、防火、防腐、防酸等特点。

3.2.1 胶合板

胶合板是沿年轮旋切大张薄片，热压胶合而成的。用杨木、马尾松、桦木、砂木、椴木、松木、水曲柳及部分进口原木制成，胶合板层数为奇数，如3、5、7……15等。木质均匀、强度大、幅面大、平整易加工、材质均匀、不翘不裂、干湿变形小、板面具有美丽的花纹，装饰性好，是建筑中常用的人造板材。

胶合板按材质和加工工艺质量不同，可分为特级、一级、二级、三级四个等级。胶合板使用方便，表面纹理真实，多用于室内的隔墙罩面、顶棚和内墙装饰、门面装饰及各种家具制作（如图3-1）。

胶合板的厚度为2.7 mm、3.0 mm、3.5 mm、4.0 mm、4.5 mm、5.5 mm、6.0 mm等。自6.0 mm起，厚度按1 mm递增。

图 3-1 胶合板

表 3-1 胶合板的分类

分类方法	名称	主要特点及应用
按制作单板的方法分	旋切胶合板	主要用于家具的内部部件的制作，常用阔叶木制作，如椴木、杨木、桦木等
	刨切胶合板	主要用于高档家具或装饰中的重要表面部件，常用珍贵阔叶木或花纹美丽的树种制作

分类方法	名称	主要特点及应用
按胶合板的性能分	阻燃胶合板	单板经阻燃处理，采用阻燃胶黏剂，燃烧性能达到B1级标准。主要用于防火要求高的场所，如歌厅、舞厅、娱乐场所的装修等
	普通胶合板	I类（NQF）胶合板——耐气候、耐沸水胶合板，能在室外使用
		II类（NS）胶合板——耐水胶合板，可在冷水中浸渍，属于室内胶合板
		III类（NC）胶合板——耐潮胶合板，能耐短期冷水浸渍，室内适用
		IV类（BNC）胶合板——不耐潮胶合板，在室内常态下适用
	特种胶合板	用于特殊场合，如混凝土模板、防辐射等

表3-2　胶合板规格

种　类	规　格/mm	面积/mm	厚度/mm
柞木板、柳桉木板、核桃楸木板、杨木板、水曲柳木板、柚木板、白元木板、椴木板、桦木板、荷木板、松木板、印尼板	915×915	0.837	2.5、2.7、3.0、3.5、4.0、4.5、5.5、6.0、7.0、9.0、11.0、12.0、15.0
	915×1220	1.116	
	915×1830	1.675	
	915×2135	1.953	
	1220×1830	2.233	
	1220×2135	2.605	
	1220×2440	2.977	
	1525×2440	3.721	

3.2.2 细木工板

细木工板是特种胶合板的一种，又称"大芯板"，是用长短不一的芯板木条拼接而成，两个表面为胶贴木质单板的实心板材。表面平整光滑、质地坚硬、不易变形且绝热吸音。按表面加工状况不同可分"一面砂光""两面砂光""不砂光"三种；按使用的胶合剂不同可分I类胶细木工板、II类胶细木工板；按面板的材料和加工工艺质量可分一等、二等、三等三个等级。适用于家具、车厢、船舶和建筑物内装修等（如图3-2、3-3）。

图 3-2　细木工板

图 3-3　细木工板

表 3-3　细木工板的尺寸规格　　　　　　　　　　　　　　　　　单位：mm

宽度（公差允许±5）	厚度（误差±0.6）	长 度（允许公差±5）					
		915	1220	1520	1830	2135	2440
915	16、19、22、25	915	—	—	1830	2135	—
1220		—	1220	—	1830	2135	2440

3.2.3 宝丽板

宝丽板实际上是一种装饰纸贴面胶合板，以Ⅱ类胶合板为基板，贴以特种花纹装饰纸饰面层组成。以玻璃纤维布作骨架材料，氯氧镁胶凝料作黏合剂，并添加增韧剂及

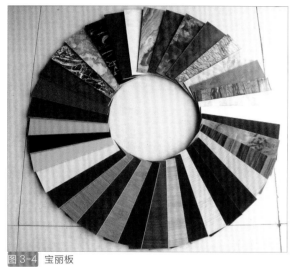

图 3-4　宝丽板

图 3-5　刨花板

防潮剂进行改性而制成，然后将干燥的基板贴上装饰纸，经罩光修整等工序制出。硬度中等，耐热耐烫性能优于油漆面，固色性好，耐污染性高，耐水性高，易擦洗，板面光亮、平直、色调丰富且有花纹图案，多用于室内墙面、隔断、家具。常用规格有 1800mm×915mm、2440mm×1220mm；厚度有 6mm、8mm、10mm、12mm 等。宝丽板分普通板和坑板两种，坑板是在宝丽板表面做上一定距离的坑条，条宽3mm，深 1mm，以增加其装饰性（如图 3-4）。

3.2.4 刨花板

又叫蔗渣板，是由木材或其他木质纤维素材制成的碎料（如刨花碎片、短小废木料、木丝、木屑等），施加胶粘剂后在热力和压力作用下胶合成的人造板，又称碎料板。

因为刨花板结构比较均匀，加工性能好，可以根据需要加工成大幅面的板材，是制作不同规格、样式家具较好的原材料。制成品刨花板不需要再次干燥，可以直接使用，吸音和隔音性能也很好。但它也有其固有的缺点，因为边缘粗糙，容易吸湿，所以用刨花板制作的家具封边工艺就显得特别重要。另外由于刨花板密度较大，用它制作的家具，相对于其他板材来说较重。刨花板具有、强度低、隔声、保温、耐久、防虫等特点，适用于室内墙面、隔断、顶棚处的装饰基板。

根据用途可分为 A 类刨花板、B 类刨花板。

根据刨花板结构可分单层结构刨花板、三层结构刨花板、渐变结构刨花板、定向刨花板、华夫刨花板、模压刨花板。

根据制造方法可分为平压刨花板、挤压刨花板。

按所使用的原料可分木材刨花板、甘蔗渣刨花板、亚麻屑刨花板、棉秆刨花板、竹材刨花板、水泥刨花板；石膏刨花板。

根据表面状况可分为以下两种

①未饰面刨花板：砂光刨花板、未砂光刨花板。

②饰面刨花板：浸渍纸饰面刨花板、装饰层压板饰面刨花板、单板饰面刨花板、表面涂饰刨花板、PVC 饰面刨花板等（如图 3-5）。

表 3-4　刨花板规格　　　　　　　　　　　　　　　　　　　　　　　　单位：mm

宽　度	长　度					备　注
915	—	1220	1830	2135	—	特殊规格有
1220	915	1220	1830	2135	2440	1000×2000

3.2.5 纤维板

又名密度板，是以木质纤维或其他植物纤维（树皮、刨花、树枝等废料）为原料，制造过程中施加胶粘剂和（或）添加剂。纤维板具有材质均匀、纵横强度差小、不易开裂等优点，用途广泛。制造 1 立方米纤维板约需 2.53 立方米的木材，可代替 3 立方米锯材或 5 立方米原木。

纤维板可分为硬质纤维板、半硬质纤维板和软质纤维板，前两者一般用于装修工程中。纤维板材质构造均匀，各项强度一致，抗弯强度高，耐磨，绝热性好，不易胀缩和翘曲变形，不腐朽，无木节、虫眼等，可代替木板做室内壁板、门板、地板、家具等，根据纤维板体积密度不同可分为以下三种。

①硬质纤维：强度高，不易变形，是木材的优良代替品，可分特级、一级、二级、三级、四级（如图 3-6）；

②中度纤维板：可分特级、一级、二级三个等级，有吸声和装饰作用，可用作室内顶棚材料。

③软质纤维板：结构松软，强度低，保温性能和吸音效果好，常用作顶棚和隔热材料。

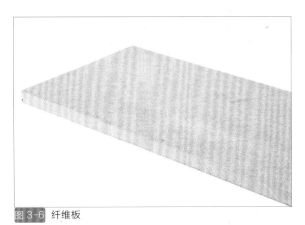

图 3-6　纤维板

3.2.6 澳松板

一种进口的中密度板，由辐射松原木制成。表面经过高精度的砂光处理，具有很高的光洁度，板材内部强度大，具有很好的传热性能。规格有 3mm、5mm、9mm、12mm、15mm、18mm 等，3mm 用量最多、最广，主要用作门、门套、窗套等，5mm 常用作夹板，不易变形。9mm、12mm 常被用作门套、门档和踢脚线；15mm、18mm 直接用作门套、窗套、雕刻、镂空造型、衣柜、书柜，不易变形（如图 3-7、3-8）。

图 3-7　澳松板

图 3-8　澳松板门套

3.2.7 木丝板、木屑板

木丝板（又称万利板）、木屑板与刨花板工艺一致，分别以短小废料刨制的木丝、木屑为原料，质量轻、强度低、价格便宜，主要用于绝热和吸声材料，可作为吊顶材料（如图3-9）。

图 3-9 木丝板

3.2.8 饰面防火板

防火板又名耐火板，学名为热固性树脂浸渍纸高压层积板，英文缩写为HPL（Decorative High-pressure Laminate）是表面装饰用耐火建材，有丰富的表面色彩，纹路以及特殊的物理性能。具有防火防热功效，并有防尘、耐磨、耐酸碱、耐冲击、防水，易保养等优点。一般规格有2440mm×1270mm、2150mm×950mm、635mm×520mm等，厚度12mm，也有薄形卷材（如图3-10、3-11）。

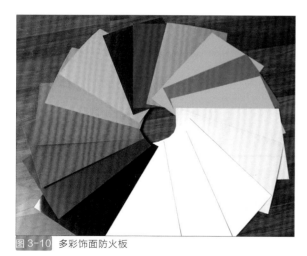

图 3-10 多彩饰面防火板

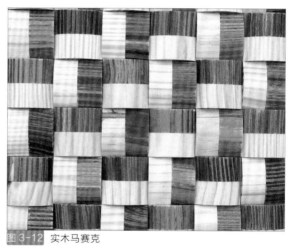

图 3-11 木纹饰面防火板

3.2.9 实木马赛克

实木马赛克具有自然、古朴、亲切的原始韵味。它具有材料利用率高、安装方便、高雅华贵等优点，可广泛应用于室内地面装饰，美观、环保、安装简易、经久耐用。原木马赛克一改传统马赛克粗糙、低档的面貌，保持了木质纹理的多样化、立体感强等优点，并具有独特的沧桑感和残缺美，纹理特殊、装饰感强（如图3-12、3-13）。

图 3-12 实木马赛克

图 3-13 实木马赛克

3.3 木质地板

木质地板是指用木材制成的地板，目前市面上木地板主要分：实木地板、复合木地板、软木地板等。

3.3.1 实木地板

实木地板是天然木材经烘干、加工后形成的地面装饰材料。常见原木种类有柞木、橡木、水曲柳、枫桦、樱桃木、花梨木、紫檀木等。规格有450mm×60mm×16mm、750mm×60mm×16mm、750mm×90mm×16mm、900mm×90mm×16mm。它能起到冬暖夏凉的作用，具有地板木质细腻，脚感真实自然，表面涂层光洁均匀，尺寸多，选择余地大等优点。同时也具有干缩膨胀现象明显，安装比较麻烦，价格贵等缺点。实木地板可分为亮光型和亚光型，是卧室、客厅、书房等地面装修的理想材料（如图3-14）。

图 3-14 实木地板

（1）条木地板

条木地板是最普通的木质地面，它自重轻、弹性好、脚感舒适、导热性小、冬暖夏凉且易于清洁。适用于办公室、会议室、会客厅、休息室、宾馆客房，住宅的起居室、卧室、幼儿园等。分实铺和空铺两种，空铺由木龙骨、水平撑和地板三部分构成。地板有单层和双层两种。双层地板的下层为毛板，一般为斜铺，下涂沥青，面层为硬木条板，多选用水曲柳、柞木、枫木、柚木、榆木等硬质木材；单层地板一般选用松、杉等软木直接订在木龙骨上。条板宽度一般不大于120mm，厚度为16~20mm之间，长度为450mm、600mm、800mm、900mm，常见宽度为60mm、80mm，常见厚度为18mm、20mm（如图3-15、3-16）。

图 3-15 条木地板企口

图 3-16 条木地板端部结构

平头	
企口	
错口	

条木地板端部结构

表3-5　条木地板的品种和规格

品种	材质	长×宽×厚／mm
长条木地板	以山樟、红白柳加工而成，具有纹理清晰、耐磨、柔韧性好、表面光洁等特点	（600~1200）×（60~120）×（16~22）

品种	材质	长 × 宽 × 厚／mm
企口木地板	以柚木、榉木、柞木、西南桦、红豆杉、香柏木等加工而成	各种规格
高级无尘木地板	以樱桃木、桦木、栎木等加工制成，具有无尘、耐高温、防潮、防腐、防蛀、经久耐磨等特点，是一种质感高雅、豪华的地板材料	600×90×12 600×90×15 450×90×12 450×90×15 750×90×12 750×75×15 750×75×12 750×90×15

（2）拼花地板

采用阔叶木树种，如水曲柳、柞木、核桃木、榆木、槐木、柳桉等硬木，拼花小木条一般长 250~300mm，宽 40~60mm，板厚 20~25mm，木条一般均带企口。常见正芦席纹、斜芦席纹、人字纹和清水砖墙纹等（如图 3-17、3-18、3-19）。

拼花地板

图 3-17 拼花地板

图 3-18 人字形拼花地板铺地

图 3-19 拼花地板铺地

表 3-6 常用拼花木地板的品种和规格

品种	材质		长 × 宽 × 厚／mm
平头接缝地板	以水曲柳、柞木、榆木等硬木为原料加工而成		120×24×8 150×30×10 1550×37.5×10 300×50×12 150×50×10
企口地板	以进口缅甸柚木、樱桃木、花梨木、楠木和中国青冈、白梨等优质树种为原料加工而成。有柚木和白木组成的拼格砖块、花梨和白木组合镶上钢条、柚木中点缀白木图案、席纹拼贴等多种图案	缅甸柚木	305×50.8×12 400×100×15 305×50.8×18 200×50×12 600×100×15 400×100×18 320×80×12 800×100×15 600×100×18 400×80×12 910×100×15 800×100×18 500×80×12 1000×10×15 1000×100×18
		中国青冈、白梨	305×50.8×15 305×50.8×18 400×100×15 1000×100×18

03- 木质装饰材料

品种	材质		长×宽×厚/mm
席纹木地板	采用南方优质硬木加工处理后经过油漆、打蜡、抛光，具有豪华、舒适、防潮、隔声、耐磨、装饰性好等特点	平口板	150×30×14　150×30×10 200×40×14　200×40×20
		企口板	200×40×18 300×50×20

3.3.2 复合木地板

（1）实木复合地板

实木复合地板由不同树种的板材交错层压而成。基层经过防虫防霉处理，稳定干燥，不助燃、不反翘变形。铺装容易，材质性温，脚感舒适、耐磨性好，表面涂布层光洁均匀，保养方便。一定程度上克服了实木地板湿胀干缩的缺点，干缩湿胀率小，具有较好的尺寸稳定性，并保留了实木地板的自然木纹和舒适的脚感。实木复合地板兼具强化地板的稳定性与实木地板的美观性，而且具有环保优势。缺点为材质偏软。规格有1802mm×303mm×15mm、1802mm×150mm×15mm、1200mm×150mm×15mm、800mm×20mm×15mm（如图3-20）。

图 3-20　实木复合地板

环保耐磨漆层
实木面板表层
全实木基材
实木背板平衡层
防潮底漆层

（2）强化地板

强化地板一般是由四层材料复合组成，即表面层（耐磨层）、装饰层、高密度基材层和平衡（防潮）层。强化地板也称浸渍纸层压木质地板、强化木地板，合格的强化地板是以一层或多层专用浸渍热固氨基树脂覆盖在高密度板等基材表面，背面加平衡防潮层、飞面加装饰层和耐磨层经热压而成。

表面层为高效耐磨的三氧化铝为保护层，具有耐磨、阻燃、防霉、防静电和抵抗日常化学药品的性能。装饰层具有丰富的木材纹理色泽，有实木地板的视觉效果。基材层一般为高密度的木质纤维板。规格一般为1200mm×mm90×8mm。具有用途广泛、花色品种多、质地硬，不易变形，防火耐磨，维护简单，施工容易等优点，但材料性冷，脚感偏硬（如图3-21）。

图 3-21　强化地板

表 3-7　几类地板性能比较表

品种	结构及稳定性	耐磨性	强度	舒适度	造价	适用空间
实木地板	稳定性好不变形防水性佳	较高	高出等厚普通地板1倍	视觉效果好，脚感舒适	高	家居
普通地板（条木、拼花地板）	易起翘开裂，且不易修复，防水性差	取决于表面油漆质量	强度不够需增加厚度予以弥补	普通材质不够美观，高级木质价格昂贵，脚感好	依据材料好坏而定	家居
强化地板	结构比较稳定，材料防水性好	耐磨性好	一般	表面为仿真木纹纸，脚感生硬，脚踩有声	适中	写字楼、商场、饭店等公共场所

3.4
软木

软木（phellem）实际上并非木材，我国春秋时代已有软木的记载。现代常见软木最初时用于葡萄酒瓶塞（如图3-22），后进行处理后用作保温材料，并制作为装饰墙板等。软木并非木材，其原料为阔叶木树皮上采割获得的"栓皮"，这种栓皮质地柔软，皮厚，纤维细，成片状剥落。软木地板弹性好、耐磨、防滑、脚感舒适、抗静电、阻燃、防潮、隔热性好，其独特的吸声效果和保温性能非常适合用于卧室、会议室、图书馆、录音棚等场所。

图 3-22 软木塞

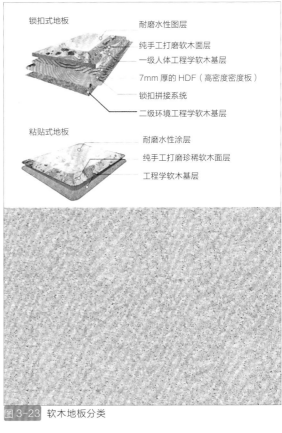

图 3-23 软木地板分类

3.4.1 软木地板

软木地板被称为是"地板金字塔尖上的消费"，看似木板踏如地毯。与实木地板比较其更具环保性、隔音性，防潮效果也更加优秀，带给人极佳的脚感。软木地板可分为粘贴式软木地板和锁扣式软木地板（如图3-23）。软木地板可以利用不同树种的不同颜色，做成不同的图形，如NBA球场各个主场的logo都不一样。软木地板可分为：纯软木地板、软木夹层地板、软木（静音）复合地板三类（如图3-24）。

纯软木地板：质地纯净，厚度通常达4mm~5mm，花色原始粗犷，利用专用胶直接粘贴式安装，对地面平整要求较高。

软木夹层地板：软木表层＋中密度板夹层（带企口）＋软木底层，安装方式与强化地板一致。

软木（静音）复合地板：软木底层＋复合地板表层，底层软木有降噪功能。

图 3-24 软木地板铺地

3.4.2 软木墙板

软木墙板（Cork wall tile）与软木地板同属于软木制品，原材料源自橡树的树皮，主要分布在中国秦岭地区和地中海地区。软木墙板保留树皮的原本特色，不掉色，造型古朴，符合原生态标准；色调时尚庄重，居家商用皆可；精加工感觉舒适，让人心情愉悦；色调唯美时尚，机理分明舒适，颜色柔和，适合各类环境的房间布置；浮雕效果，大气厚重，机理分明舒适，颜色均匀。软木墙板除装饰功能外还有吸音功能，软木墙板吸音降噪的范围在 30~50 分贝，广泛适用于各种需要吸音、降噪的场所，可以创建一个安静、舒适的环境。隔热、防静电功能很好，可呵护家用电器，有效节能，延长家用电器的使用寿命，减少静电带给家人的危害。常用规格为 600mm×300mm，也有宽度为 480mm，长为 8m~10m 的卷材（如图 3-25、3-26、3-27）。

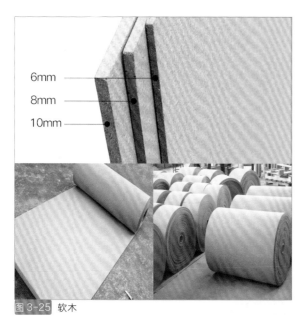

图 3-25 软木

图 3-27 软木装饰橱窗

图 3-26 软木墙面

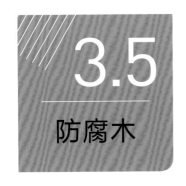

3.5
防腐木

防腐木是指经过人工添加化学防腐剂之后，使普通木材具有防腐蚀、防潮、防真菌、防虫蚁、防霉变及防水等特性。国内常见的防腐木主要有两种材质，俄罗斯樟子松和北欧赤松。

防腐木被广泛用于建筑外立面、景观小品、亲水平台、凉亭、护栏、花架、屏风、秋千、花坛、栈桥、雨棚、垃圾桶、木梁等室外装饰。外墙木板常用厚度在 12~20mm，为防止木板太宽导致开裂，宽度一般控制在 200mm 以下，长度一般控制在 5m 以下，用于室外地板时，木板的厚度一般为 20~40mm。根据防腐处理工艺的不同可分为防腐剂处理的防腐木、热处理的炭化木、不经任何处理的红崖柏（如图 3-29、3-30）。

防腐剂处理的防腐木：即在铬化砷酸铜（CCA）或烷基铜铵化合物 (ACQ) 防腐剂里真空加压浸泡处理，可使用 20~40 年之久，性能稳定、密度高、强度大、握钉力好、纹理清晰，极具装饰效果。

炭化木：将天然木材放入封闭环境中对其进行炭化（180~230℃）处理，得到部分炭化特性的木材（如图 3-28）。

红崖柏：一种纯天然加拿大红雪松，此木材中含有一种"酶"，可散发特殊的香味以达到防腐效果。

图 3-29　防腐木景观铺地

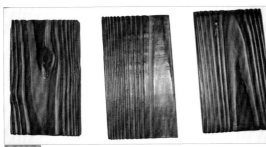
图 3-28　炭化防腐木

图 3-30　防腐木阳台装饰

3.6 其他木质类装饰制品

其他木质类装饰制品包含竹制品、藤材制品、本质线条、木门、花格等。

3.6.1 竹材

竹为高大、生长迅速的禾草类植物，茎为木质。主要分布于热带、亚热带至暖温带地区。东亚、东南亚和印度洋及太平洋岛屿上分布最集中，大致有1200余种。竹枝杆挺拔，修长，有很高的力学强度，抗拉、抗压能力较木材为优，且富有韧性和弹性。抗弯能力很强，不易折断，但缺乏刚性。德国莱比锡动物园停车场外立面由数千根竹材进行装饰，使建筑充满异国情调（如图3-31）。

竹材需经过防霉蛀、防裂处理，竹材表面需经过油光（竹材放火上加热至竹液溢出整个表面，使用竹绒或布反复擦拭至表面油亮光滑）、刮青（用篾刀将竹表面青色蜡质刮去）、喷漆（用硝基类清漆涂刷刮清的竹表面）处理。

竹地板是一种用于住宅、宾馆和写字间等的高级装潢材料，主要用装饰地面。竹地板主要制作材料是竹子，采用粘胶剂施以高温高压而成。经过脱去糖分、脂肪、淀粉、蛋白质等特殊无害处理后的竹材，具有超强的防虫蛀功能。地板无毒，牢固稳定，不开胶，不变形（如图3-32）。

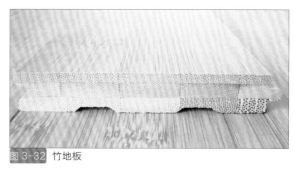
图 3-32 竹地板

3.6.2 藤材

藤材再生能力强。藤是一种生长迅速的植物，一般生长周期为5~7年。藤制家具具有色泽素雅、造型美观、结构轻巧、外观高雅、质地坚韧、淳朴自然等优点。藤主要分布在亚洲、大洋洲、非洲地区，有200种以上，以东南亚的为好。藤的种类有土厘藤（芯韧不易断，产于南亚，上品）、红藤（色红黄，产于南亚）、白藤（质韧而软，宜做家具，产于南亚）、白竹藤（色白，外形似竹，产于广东）、香藤（性韧，产于广东）。藤材密实坚固又质轻而韧，极富弹性。常用于制作家具及具有特色风格的装饰面材（如图3-33）。

图 3-31 莱比锡动物园停车场

图 3-33 藤材茶几

3.6.3 木线条

　　木线条品种在我国较多，木线条一般选用质硬、木质较细、耐磨、耐腐蚀、不劈裂、切面光滑、加工性质良好、油漆性上色性好、黏结性好、钉着力强的木材，经过干燥处理后，由机械加工或手工加工而成。

　　木线条的品种较多。从材质分有杂木线、泡桐木线、水曲柳木线、樟木线和柚木线等。从功能上可分为压边线、柱角线、墙腰线、封边线和镜框线等，从断面不同可分平线条、半圆线条、麻花线条、半圆饰、齿状饰、浮式、S 形饰、十字花饰、梅花饰、雕饰、叶形饰等。主要用于室内门套装饰线、天花板装饰角线、栏杆扶手镶边、家具及门窗镶边等（如图 3-34）。

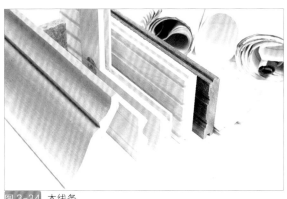

图 3-34 木线条

3.6.4 薄木饰面板

　　由各种名贵木材经一定的处理或加工后，再经精密刨切或旋切，厚度一般为 0.8mm 的表面装饰材料，常以胶合板、刨花板、密度板等为基材。薄木饰面板视厚度不同可分为普通 薄木和微薄木，微薄木是用色木、桦木、多瘤根或水曲柳、柳桉木为原料，经水煮软化后，剖切成 0.1~0.5mm 厚的薄片，将其粘贴在坚硬的纸上制成卷材，或粘贴在胶合板基层上，制成微薄木贴面板，以直纹为主，装饰感强。厚度为 0.1mm 的微薄木俗称实木贴皮或木皮，常用于高级家具的表面（如图 3-35）。

图 3-35 薄木贴面板

　　薄木贴面板按制造方法不同可分为旋切薄木、半圆旋切薄木、刨切薄木；按花纹不同可分为径向薄木和弦向薄木；按结构形式不同可分为天然薄木、集成薄木和人造薄木。

　　天然薄木：纯天然材料，价格高。

　　集成薄木：即薄木拼花（将木材按一定花纹加工成规格几何纹理）。图案花色繁多，色泽与花纹的变化依赖天然木材，多用于家具部件、木门等局部的装饰。

　　人造薄木：使用电脑设计花纹并制作模具，采用普通树种的木材单板染色，再刨切而成。

3.6.5 木门

木门，即木制的门。按照材质、工艺及用途可以分为很多种类，广泛适用于民用、商用建筑。有欧式复古风格、简约现代风格、美式风格、地中海风格、中式风格、法式浪漫风格、意大利风格等。根据材料不同还可分为原木门、实木门、实木复合门、免漆门、模压门等（如图3-36）。

原木门：用原木大料制成。

实木门：用天然原木做门芯，如樱桃木、胡桃木、柚木、红梨木、花梨木等，经过加工后不变形、耐腐蚀、无裂纹、隔热保温、吸音良好。

实木复合门：门芯多以松木、杉木或进口填充材料等黏合而成，外贴密度板和实木木板，经高温热压制成，并用实木线条封边。

免漆门：和实木复合门相似，主要用低档木料做龙骨框架，外用中、低密度表面和免漆PVC贴膜，价格便宜。

模压门：采用人造林的木材，研磨后拌入作为黏合剂的酚醛胶和石蜡后，在高温热压下一次模压成型。

图 3-36 免漆木门

3.6.6 木花格

用木板和仿木制作成具有若干分格的木架，分格尺寸或形状都各不相同，多用于室内花窗、隔断、博古架等（如图3-37、3-38）。

图 3-37 木花格

图 3-38 室内木格栅隔断

3.6.7 麦秸板

麦秸板是利用农业生产剩余物——麦秸（玉米秸、高粱秸、稻秆、甘蔗渣等），添加多种黏合剂加工制成的一种性能优良的人造复合板材。麦秸板在性能方面处于中密度纤维板和木质刨花板之间，是一种像中密度板一样匀质的板材，而且具有非常光滑的表面。其生产成本比刨花板还低，在强度、尺寸稳定性、机械加工性能、螺钉和钉子握固能力、防水性能、贴面性能和密度（轻 20%）等方面都胜过木质刨花板。它无甲醛释放，因而不污染环境。它不依靠日益短缺的木材原料，而使用每年都可更新的廉价且取之不竭的麦秸为原料，故而能满足建筑和家具工业日益增长的需求。适用于建筑中的承重墙、非承重墙、楼层版、楼顶板（配合轻量型钢）、建筑模板、混凝土模板；是实木复合地板的最佳基础型材。适合制造厨房家具和浴室橱柜（如图 3-39）。

图 3-39　麦秸板

玻璃装饰材料

玻璃装饰材料通常指平板玻璃和由平板玻璃经过深加工后的玻璃制品，随着玻璃生产技术的不断发展和建筑物对玻璃功能的要求越来越高，玻璃的功能已由过去单一的采光和围护作用向着多功能方向发展。许多新型玻璃的功能极其优异，如能够控制与调节光线的射入量和反射率、降低噪声和能耗、防火防盗、保温隔热等。在建筑材料工程中，玻璃已成为继钢筋、木材和水泥之后的第四大类建筑材料，玻璃也成为装饰工程中的一种基础性材料。其中包括玻璃砖、玻璃马赛克、玻璃镜和槽型玻璃等。

4.1 玻璃的基本知识

玻璃是以石英砂、纯碱、石灰石等为主要原料，再加入适量的辅助材料，在熔炉内高温熔融，经冷却成型后制得的。普通玻璃具有很好的透光透视性能，透光率一般在 80% 以上，化学稳定性强，具有较强的耐酸性及一定的耐碱性。

在制造过程中，玻璃的性能可以根据人为的需求进行加工改进，以适应不同装饰场所的需要。如安全玻璃就克服了普通玻璃易碎、耐急冷急热性能弱的缺点，可以用在采光屋面上；中空玻璃则有良好的保温隔热性能，且自重比传统的围护材料要轻，可以减轻建筑物的重量，降低对建筑的结构要求。

图 4-1　北京望京 SOHO 大楼

表 4-1　普通玻璃尺寸范围（mm）

厚度	长度		宽度	
	最小	最大	最小	最大
2	400	1300	300	900
3	500	1800	300	1200
4	600	2000	400	1200
5	600	2600	400	1800
6	600	2600	400	1800

4.1.1 按玻璃的性能分

玻璃按性能可分为平板玻璃、装饰玻璃、节能玻璃、安全玻璃和特种玻璃等。

4.1.2 按生产工艺分

玻璃按生产工艺可分为平板玻璃、浮法玻璃、钢化玻璃、压花玻璃、夹丝玻璃、中空玻璃、彩色玻璃、吸热玻璃、热反射玻璃、磨砂玻璃、电热玻璃和夹层玻璃等。

4.1.3 按玻璃在建筑中的功能作用分

按玻璃在建筑中起到的作用分类可分为以下三种。

普通平板玻璃：普通平板玻璃具有透光、挡风、保温和隔音的功能。平板玻璃的厚度有 2mm、3 mm、4 mm、5 mm、6 mm、8 mm、10 mm、12mm 等，一般 2mm、3 mm 适用于民用建筑，4 mm、6 mm 适用于工业和高层建筑。

装饰平板玻璃：装饰平板玻璃由于具有一定的颜色、图案和质感，可以满足建筑装饰对玻璃的不同要求。装饰平板玻璃有毛玻璃、彩色玻璃、花纹玻璃和镭射玻璃等。

浮法玻璃：浮法玻璃是用海沙、石英砂、岩粉、纯碱、白云石等原料，按一定比例配制，经熔窑高温熔融，玻璃液从池窑连续流至并浮在金属液面上，摊成厚度均匀平整、经火抛光的玻璃带，冷却硬化后脱离金属液，再经退火切割而成的透明无色平板玻璃。玻璃表面特别平整光滑、厚度非常均匀，光学畸变极小。浮法玻璃按外观质量可分为优等品、一级品、合格品三类。按厚度可分为 3mm、4mm、5mm、6mm、8mm、10mm、12mm、15mm、19mm 九种。浮法玻璃与普通玻璃的生产工艺不同，优点是表面坚硬，光滑、平整，浮法玻璃侧面看颜色与一般玻璃则玻璃不同，发白，反光后物体不失真，而一般玻璃则有水纹形的失真变形（如图 4-2）。

图 4-2　浮法玻璃与普通平板玻璃

4.2
装饰玻璃

装饰玻璃即平板玻璃经过一定工艺加工后使其不仅具有玻璃的共性还具有一定的装饰效果，不仅具有良好的稳定性，还有利于营造建筑内外的氛围。常见的装饰玻璃有：花纹玻璃、釉面玻璃、镜面玻璃、玻璃砖等。

4.2.1 花纹玻璃

花纹玻璃是一种装饰性很强的玻璃产品，装饰功能的好坏是评价其质量的主要标准。按照预设的图形运用雕刻、印刻或喷砂等无彩处理方法，在玻璃表面获得丰富美观的图案，按照加工方法不同可分为压花玻璃、喷花玻璃、刻花玻璃三种。

（1）压花玻璃

制造工艺分单辊法和双辊法，透光率一般为 60%~70%，规格一般在 900mm~1600mm 之间。透视性因花纹、距离的不同而各异，光线柔和，并具有一定私密性的屏护作用和特点，其透视性可分为近乎透明可见，稍微透明可见，几乎遮挡看不见和完全遮挡看不见。按类型可分为压花玻璃、压花真空镀铝玻璃、立体感压花玻璃和彩色膜压花玻璃等（如图 4-3）。

图 4-3 压花玻璃

（2）喷花玻璃

喷花玻璃又称胶花玻璃，是在平板玻璃表面贴以图案，抹以保护层，经喷砂处理形成透明与不透明相间的图案。适用于室内门窗、隔断和采光。

（3）刻花玻璃

由平板玻璃经涂漆、雕刻、围腊、酸蚀、研磨等手法制作出有文字或图案、花纹的玻璃（如图 4-4）。

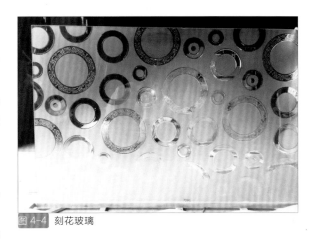

图 4-4 刻花玻璃

4.2.2 釉面玻璃

在浮法玻璃表面喷涂或印刷一层半透明或不透明的彩色釉料即为釉面玻璃。这种玻璃耐热、耐酸、耐碱，不受大气侵蚀、耐磨、不吸水，具有反射和不透视性。图案精美，不褪色，不掉色，易于清洗，具有良好的稳定性和装饰性，可按用户要求或艺术设计图案制作。可安装在建筑物的外墙上，如墙面外窗（如图 4-5）。

图 4-5 釉面玻璃幕墙

4.2.3 镜面玻璃

镜面玻璃又称磨光玻璃,是用平板玻璃经过抛光后制成的玻璃,分单面磨光和双面磨光两种,表面平整光滑且有光泽。透光率大于84%,厚度为4mm~6mm。从玻璃的一面能够看到对面的景物,而从玻璃的另一面则看不到景物,可以说在这一面是不透明的。普通玻璃就等于镜子的玻璃,镜面玻璃的膜就等于镜子的镀银。汽车的贴膜玻璃、墨镜等基本都是这个东西。一般是在普通玻璃上面加层膜,或者上色,或者在热塑成形时在里面加入一些金属粉末等,使光既能透过去还能使里面反射物的反射光出不去(如图4-6)。

图 4-6 茶色镜面玻璃墙

4.2.4 玻璃砖

又称特厚玻璃,分为实心砖和空心砖两种。有较高的保温隔热、隔音、防水、耐磨性,能控光、防结露和减少灰尘透过,具有抗压强度高、不燃烧和透光不透视的特点。常用规格有115mm×115mm×80mm、145mm×145mm×80(95)mm、190mm×190mm×80(95)mm、240mm×240mm×80mm和240mm×150mm×80mm等,表面花纹图案丰富,有橘皮纹、平行纹、斜条纹、花格纹、水波纹、流星纹、菱形纹和钻石纹等(如图4-7、4-8)。多用于商场、宾馆、舞厅、住宅、展厅、办公楼等场所的外墙、内墙、隔断、采光天棚、地面和门面的装饰用材。当玻璃空心砖的砌筑高度较高时,可用彩钢板或木材等材料制作框架,以直径较细的钢筋作为骨架材料,以白水泥作为黏结材料进行砌筑,这样可保证墙体的整体稳定性;当玻璃空心砖高度较低时,可用专用的塑料连接构件和玻璃胶进行砌筑(如图4-9、4-10)。

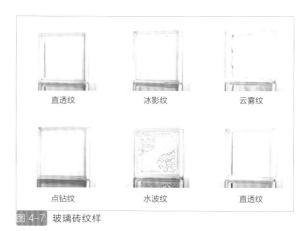

图 4-7 玻璃砖纹样

直透纹　　冰影纹　　云雾纹
点钻纹　　水波纹　　直透纹

深蓝云雾纹　　灰云雾纹　　宝石绿橘皮纹
绿冰影纹　　深蓝平行纹　　灰平行纹

图 4-8 玻璃砖纹样

图 4-9 玻璃砖隔断

图 4-10 玻璃砖隔断

图 4-11 玻璃马赛克

4.2.5 玻璃马赛克

又称玻璃锦砖。质地坚硬、性能稳定、表面不易受污染，雨天能自涤、耐久性好，耐冲击性差。有透明、半透明和不透明三种，还有金色、银色等丰富颜色，表面有斑点或条纹状质感。可用于室内外墙面装饰，一般以白水泥嵌缝，不宜用于地面装饰。适用于办公楼、礼堂、医院和住宅等建筑物内外墙面装饰，能镶嵌出各种艺术图案和大型壁画（如图4-11）。

表 4-2　马赛克规格尺寸 mm

马赛克规格	马赛克厚度
20×20	
30×30	46
40×40	

4.2.6 彩绘玻璃

彩绘玻璃主要有两种，一种是用现代数码科技经过工业黏胶粘而合成，一种是纯手绘的传统手法。它可以在有色玻璃上绘画，也可以在无色玻璃上绘画。

把玻璃当作画布，运用特殊颜料绘制，再经过低温烧制就可以了，花色不会掉落，持久度更长，不用担心被酸碱腐蚀，而且也便于清洁。可订制，尺寸、色彩、图案可随意搭配，安全而彰显个性，不易雷同同时又制作迅速。其优点是简单操作，价格便宜；缺点是容易掉色，时间保持不长久（如图4-12）。

图 4-12　布拉格圣维特大教堂彩绘玻璃

4.2.7 热熔玻璃

又称水晶立体艺术玻璃。即把平板玻璃烧熔加工出各种凹凸有致、彩色各异的艺术效果（如图4-13、4-14）。

图 4-13 热熔玻璃

图 4-14 热熔玻璃艺术品，作者：Toots Zynsky 美国

4.2.8 磨（喷）砂玻璃

又称毛玻璃，一般厚度多在9mm以下，以5mm、6mm厚度居多，表面粗糙、只能透光而不透视，多用于不希望受干扰或有私密性需要的房间，如浴室、卫生间和办公室的门窗等，也可用于黑板、灯具等。喷砂玻璃包括喷花玻璃和砂雕玻璃，与电脑刻花机配合使用，深雕浅刻，从而形成半透明的雾面效果，具有一种朦胧的美感（如图4-15）。

图 4-15 喷砂玻璃室内隔断

4.2.9 镭射玻璃

以平板玻璃为基材，采用高稳定性的机构材料，将玻璃表面经特殊工艺处理形成光栅。可分为两大类：一类以普通平板玻璃为基材制成，主要用于墙面、窗户和顶棚等部位的装饰；另一类以钢化玻璃为基材制成，主要用于地面装饰，此外还有专门用于柱面装饰的曲面镭射玻璃。其抗冲击、耐磨、硬度等性能均优于大理石，与花岗岩相似，最大尺寸为1000mm×2000mm。镭射玻璃的特点在于，当它处于任何光源照射下时，都将因衍射作用而产生色彩的变化。而且，对于同一受光点或受光面而言，随着入射光角度及人的视角的不同，所产生的光的色彩及图案也不同。其效果扑朔迷离，似动非动，亦真亦幻，不时出现冷色、暖色交相辉映，五光十色的变幻，给人以神奇、华贵和迷人的感受，其装饰效果是其他材料无法比拟的。

表4-3 镭射玻璃的种类及特性

种 类	特 点	功 能 用 途
单层无铝箔	背面无复合材料	室内装饰
单层有铝箔	背面复合铝箔	室外装饰
单层镭射玻璃	背面复合0.5~1.00mm厚的铝板	建筑外墙装饰
夹层镭射玻璃	多种颜色、半透明、半反射夹层	室外装饰
夹层钢化地砖	多种颜色、半透明、半反射夹层	地面装饰
安全夹层柱面	各种花色图案夹层	圆形柱面装饰

4.3
安全玻璃

安全玻璃是指经过特殊工艺加工后，即使经剧烈振动或撞击不破碎，或即使破碎也不会伤人的玻璃。常见的安全玻璃有：钢化玻璃、特厚玻璃、弯钢化玻璃、热弯玻璃、夹丝玻璃、夹层玻璃等。

4.3.1 钢化玻璃

钢化玻璃的强度是普通玻璃的4~5倍，挠折100mm后可恢复原形，热稳定性良好，能够承受300℃的温差变化。钢化玻璃的最大宽度在2.0m~2.5m，最大长度在4.0m~6.0m，厚度在2mm-19mm之间。透光性与普通玻璃无异，但抗拉强度是普通平板玻璃的3倍，抗冲击强度是普通平板玻璃的5倍以上，不易碎裂，如国家大剧院建筑外立面即使用了双曲面钢化玻璃（如图4-16）。

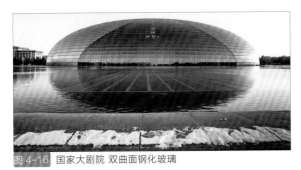

图 4-16 国家大剧院 双曲面钢化玻璃

表 4-4 钢化玻璃规格　　　　单位：mm

最小规格	最大规格	厚度
200×200	2200×1200	2~12

4.3.2 特厚玻璃

特厚玻璃耐冲击、机械强度高，常用厚度有12mm、15mm、18mm，最大可达160mm，常用于商场、银行、宾馆的门面、大门、玻璃隔断处、橱窗、展台等（如图4-17）。

4.3.3 弯钢化玻璃、热弯玻璃

可以改变建筑物立面平直的传统做法，使建筑立面更具动感。常用于观光电梯，建筑物的阳角转折部分，过街通道的顶面，弧形玻璃隔断、采光顶棚、玻璃护栏、家具等。弧形玻璃不能裁切，需向厂家订制（如图4-18）。

图 4-17 某会所大门 特厚玻璃

图 4-18 弧形观光电梯

表 4-5　弯钢化玻璃加工规格　　　　　　　　　　　　　　　　　　　　　单位：mm

加工最大尺寸	加工最小尺寸	加工厚度	最小弯曲半径	最大拱高
2540×4600	600×300	5~19	800（5~6厚）	700

表 4-6　热弯玻璃加工规格　　　　　　　　　　　　　　　　　　　　　　单位：mm

加工最大尺寸	加工厚度
3000×6000、弧长圆心角＜90°	4~19

4.3.4 夹丝玻璃

　　又称防碎玻璃，是将预热处理好的金属丝或金属网压入加热到软化状态的玻璃中。常用厚度有 6mm、7mm、10mm，长度和宽度的尺寸有 1000mm×800mm、1200mm×900mm、2000mm×900mm、1200mm×1000mm、2000mm×1000mm 等。夹丝玻璃可用于建筑物的防火门窗、天窗、采光屋面、阳台等（如图 4-19）。

防火夹层玻璃等。夹层玻璃一旦破碎，碎片会粘在胶合层上不会对人产生伤害，因此，安全性能十分优异。除此之外，夹层玻璃使用了不同玻璃原片或者胶合层，还有隔音、防紫外线、防震、防台风和防弹功能（防弹玻璃总厚度在 20mm 以上，有时可达到 50mm 以上）。夹层玻璃常用规格有 2mm+3mm、3mm+3mm、5mm+5mm 等，层数有 2、3、5、7 等层，最大可达 9 层。厚度一般在 6~10mm，规格为 800mm×1000mm、850mm×1800mm（如图 4-20）。

图 4-19　夹丝玻璃

4.3.5 夹层玻璃（夹胶玻璃）

　　指用柔软透明的有机胶合层将两片或两片以上的玻璃黏合在一起的玻璃制品。夹层玻璃的品种较多，按玻璃的层数分有普通夹层玻璃（二层夹片）和多层夹片玻璃；按玻璃原片的品种和功能不同可分彩色夹层玻璃、钢化夹层玻璃、热反射夹层玻璃、屏蔽夹层玻璃（胶合层中带屏蔽金属网）和

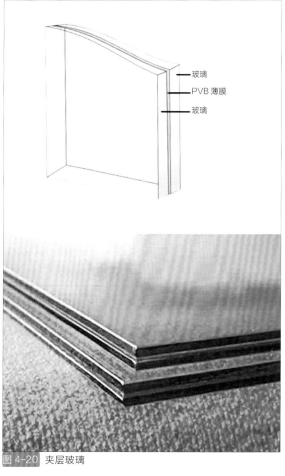

玻璃
PVB 薄膜
玻璃

图 4-20　夹层玻璃

4.4 特种玻璃

随着人们对室内环境安全性、舒适性的日益重视，作为装修材料的玻璃已经由单一的采光功能向装饰、节能功能方向发展，建立绿色空间的作用也在加强。特种玻璃是相对普通玻璃而言，用于特殊用途的玻璃。产品涉及吸热玻璃、热反射玻璃、低辐射镀膜玻璃、中空玻璃、变色玻璃等。

4.4.1 吸热玻璃

吸热玻璃是能吸收大量红外线辐射能，并保持较高可见光透过率的平板玻璃。生产吸热玻璃的方法有两种：一是在普通钠钙硅酸盐玻璃的原料中加入一定量的有吸热性能的着色剂；另一种是在平板玻璃表面喷镀一层或多层金属或金属氧化物薄膜。多用于建筑门窗、玻璃幕墙、博物馆、纪念馆等。有灰色、茶色、蓝色、绿色、古铜色、青铜色、粉红色和金黄色等，厚度有 2mm、3mm、4mm、6mm 四种，吸热玻璃可加工制成磨光、钢化、夹层或中空玻璃。具有一定透明度，能清晰观察室外景物。

表 4-7　普通玻璃和蓝色吸热玻璃的热工能性能比较

品种	透过热值/（W/m²）	透热率/（%）
空气（暴露空气）	879	100
普通玻璃（3mm 厚）	726	82.55
普通玻璃（6mm 厚）	663	75.53

品种	透过热值/（W/m²）	透热率/（%）
蓝色吸热玻璃（3mm 厚）	551	62.7
蓝色吸热玻璃（6mm 厚）	433	49.2

4.4.2 热反射玻璃

热反射玻璃（即单面透视玻璃）也称"镀膜玻璃"，有较高反射能力，良好的透光性，通常在玻璃表面镀 1~3 层膜形成，镀膜玻璃即在玻璃表面涂敷一层金属、合金和金属氧化物使玻璃呈现出不同色彩。颜色上分灰色、青铜色、茶色、金色、浅蓝色、棕色和褐色等，性能结构上分热反射、减反

射、中空热反射、夹层热反射玻璃等，常用厚度为 6mm，规格尺寸有 1600mm×2100mm、1800mm×2000mm 和 2100mm×3600mm 等适用于炎热地区的建筑门窗、玻璃幕墙、需要私密隔离建筑装饰部位，如中央电视台新大楼玻璃幕墙（如图 4-21）。

4.4.3 低辐射镀膜玻璃

低辐射镀膜玻璃是镀膜玻璃的一种，又称 LOW-E 玻璃，在浮法玻璃基片上镀一层或多层金属或金属氧化物、金属氮化物薄膜，从而达到控制光线、调节热量、节约能源、改善环境等多种功能，在夏季能够隔热、冬季能够保温，同时具有良好的透光率、安全性、隔音性和舒适性，具有防雾功能、具有单面透视功能。有无色透明、海洋蓝、浅蓝、翡翠绿、金色等几十种颜色。

图 4-21　中央电视台新大楼特种玻璃幕墙

4.4.4 中空玻璃

有双层中空玻璃及多层中空玻璃，具有保温隔热、隔音、防霜露等性能。主要用于需要采暖、防止噪音和结霜露的建筑物上，如北方住宅、宾馆、商场、医院、办公楼、车船门窗、玻璃幕墙等。中空玻璃一般不能切割，需要向厂家订制（如图 4-22）。

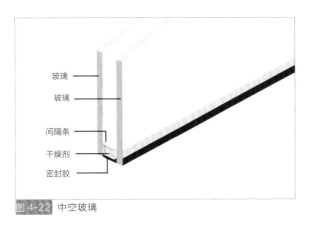

玻璃
玻璃
间隔条
干燥剂
密封胶

图 4-22 中空玻璃

4.4.5 变色玻璃

变色玻璃即随着外部条件改变自身颜色的玻璃。能够自动控制进入室内的太阳辐射能，从而降低能耗，改善室内的自然采光条件，具有防窥视、防眩目的作用，多用于高档写字楼、别墅、宾馆等建筑的门窗和隔断。

4.4.6 泡沫玻璃

泡沫玻璃是由玻璃碎片和发泡剂按比例配比而成的。具有防水、防火、无毒、耐腐蚀、防蛀、无放射性、绝缘、防电磁波、防静电、机械强度高、施工方便（可锯、钉、钻）的特点，可作为吸声材料使用。适用于烟道、窑炉、冷库，以及图书馆、地铁、影剧院等各种需要隔音、隔热设备等场所（如图 4-23）。

图 4-23 泡沫玻璃

表 4-8 双层中空玻璃的常用规格

种 类	构 造		尺寸／mm	质量／（kg/m²）
	玻璃厚度（mm）× 片数	空气层厚／mm		
10 厚单层中空玻璃	2 厚钢化玻璃 ×2	6	500×400	10.5
12 厚单层中空玻璃	3 厚钢化玻璃 ×2	6	1200×600	15.5
	3 厚钢化玻璃 ×2	6	900×600	15.5
14 厚单层中空玻璃	4 厚钢化玻璃 ×2	6	1633×1100	20.5
	4 厚钢化玻璃 ×2	6	1300×900	20.5
16 厚单层中空玻璃	5 厚钢化玻璃 ×2	6	1700×900	25.5
	5 厚钢化玻璃 ×2	6	1500×900	25.5
22 厚单层中空玻璃	5 厚钢化玻璃 ×2	12	1600×1100	25.8

4.4.7 自发光玻璃

自发光玻璃即夹胶玻璃、清玻璃中间夹自发光物体。厚度为 8.5mm（3mm+3mm）至 40.5mm（19mm+19mm），最大尺寸为 1600mm x 2500mm，广泛应用于各种设计及应用端领域，如商业或家居室内外装潢或装修，家具设计，灯光照明设计，室外景观设计，室内淋浴间，诊所，门牌号，紧急指示标志设计，会议室隔断，室外幕墙玻璃，商店橱窗，专柜设计，奢侈品柜台设计，天窗设计，3C 产品玻璃面板设计，室内外广告牌设计，时钟、奖品、灯具等各种终端应用产品设计等广阔领域，同时可用于黑暗室内或在公共环境中起到疏散导引作用（如图 4-24、4-25）。

图 4-24　自发光玻璃安全标示

图 4-25　自发光玻璃幕墙

4.4.8 防火玻璃

防火玻璃是经过特殊工艺加工和制造的，在耐火试验中不仅能够有效控制火势的蔓延，还能起到一定的隔烟效果。同时能保持玻璃的完整性，避免因高温爆裂对人造成次生伤害，并具有隔热效应的特种玻璃。防火玻璃的原片多采用浮法平面玻璃、钢化玻璃、复合防火玻璃以及单片防火玻璃等。按结构形式可分为防火夹层玻璃、薄涂型防火玻璃、单片防火玻璃和防火夹丝玻璃。其中防火夹层玻璃按生产工艺特点又可分为复合防火玻璃和灌注防火玻璃。按耐火极限可分 5 个等级：0.5h、1.00h、1.50h、2.00h、3.00h。按耐火性能可分隔热型防火玻璃（A 类）和非隔热型防火玻璃（C 类）部分隔热型防火玻璃（B 类）。用于防火门窗、防火隔断等装饰部位。

4.4.9 隔音玻璃

隔音玻璃是一种可对声音起到一定屏蔽作用的玻璃产品，通常是双层或多层复合结构的夹层玻璃，夹层玻璃中间的隔音阻尼胶（膜）对声音传播的弱化和衰减起到关键作用，具有隔音功能的玻璃产品包括夹层玻璃。用于隔断、墙面、吊顶等。

4.4.10 槽型玻璃

槽型玻璃是形状较为特殊的玻璃，纵向呈条形，横截面为槽型。透光性能、隔音效果、机械强度好，施工工艺简单，经济实用。分有色和无色两种。多用于办公楼、教学楼、博物馆、体育场、厂房、车站码头、住宅和温室等建筑的围护结构及以楼梯间、天窗、阳台及隔断等部件装饰（如图 4-26、4-27）。

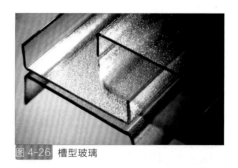
图 4-26　槽型玻璃

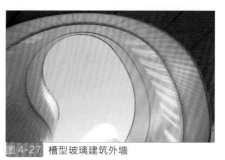
图 4-27　槽型玻璃建筑外墙

4.5 玻璃幕墙

玻璃幕墙是指由支承结构体系可相对主体结构有一定位移能力、不分担主体结构所受作用的建筑外围护结构或装饰结构。墙体有单层和双层玻璃两种。玻璃幕墙是一种美观新颖的建筑墙体装饰方法，是现代主义高层建筑时代的显著特征。

按结构形式可分金属框架式玻璃幕墙、点支式玻璃幕墙、玻璃肋胶接式全玻璃幕墙。

4.5.1 框架式玻璃幕墙

框架式玻璃幕墙按照外视效果可分为全隐式、半隐式和明框式。

按照装配方式可分为压块式、挂接式。

（1）明框式玻璃幕墙

明框玻璃幕墙是金属框架构件显露在外表面的玻璃幕墙。它以特殊断面的铝合金型材为框架，玻璃面板全嵌入型材的凹槽内。其特点在于铝合金型材本身兼有骨架结构和固定玻璃的双重作用（如图4-28）。

图4-29 隐框式玻璃幕墙

为点支式玻璃幕墙。点支式玻璃幕墙全称金属支承结构点式玻璃幕墙。幕墙骨架主要由无缝钢管、不锈钢拉杆（或再加拉索）和不锈钢爪件所组成，用金属接驳件接连到支承结构的全玻璃幕墙。通透性好、灵活性强（如图4-30、4-31）。

图4-28 明框式玻璃幕墙

（2）隐框式玻璃幕墙

隐框玻璃幕墙的金属框隐蔽在玻璃的背面，室外看不见金属框。隐框玻璃幕墙又可分为全隐框玻璃幕墙和半隐框玻璃幕墙两种，半隐框玻璃幕墙可以是横明竖隐，也可以是竖明横隐。隐框玻璃幕墙的构造特点是玻璃在铝框外侧，用硅酮结构密封胶把玻璃与铝框黏结。幕墙的荷载主要靠密封胶承受（如图4-29）。

4.5.2 点支式玻璃幕墙

由玻璃面板、点支撑装置和支撑结构构成的玻璃幕墙称

图4-30 点支式玻璃幕墙

4.5.3 吊挂式全玻璃幕墙

　　吊挂式玻璃幕墙分吊挂式全玻璃幕墙和混合式全玻璃幕墙。吊挂式全玻璃幕墙的玻璃面板采用吊挂支承，可抗地震或大风冲击。

4.5.4 新型玻璃幕墙

　　双层通风玻璃幕墙是一种新型玻璃幕墙，又称会"呼吸"的玻璃幕墙。幕墙开窗面积较小，采用上悬窗，其内外墙之间约有60cm距离。有极佳的抗辐射、隔热、隔音等功能。冬天可使室内温度提高5℃左右（如图4-32）。

图 4-31 点支式玻璃幕墙

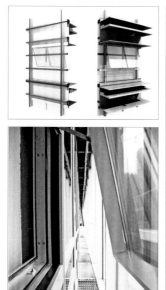

图 4-32 双层通风玻璃幕墙

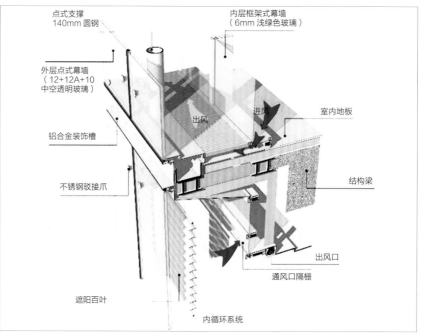

点式支撑
140mm 圆钢

内层框架式幕墙
（6mm 浅绿色玻璃）

外层点式幕墙
（12+12A+10
中空透明玻璃）

出风　　　进风

室内地板

铝合金装饰槽

不锈钢驳接爪

结构梁

出风口

通风口隔栅

遮阳百叶

内循环系统

4.6

新型玻璃

新型玻璃即玻璃的改良产品，它具有一般玻璃难于具备的机械力学性能和热工性质，如微晶玻璃、烤漆玻璃、聚晶玻璃等。

4.6.1 微晶玻璃

微晶玻璃（Crystoeand Neoparies）又称微晶玉石或陶瓷玻璃的综合玻璃，是一种刚刚开发的新型的建筑材料，学名叫作玻璃水晶。微晶玻璃和我们常见的玻璃看起来大不相同，它具有玻璃和陶瓷的双重特性，普通玻璃内部的原子排列是没有规则的，这也是玻璃易碎的原因之一。而微晶玻璃像陶瓷一样，由晶体组成，也就是说，它的原子排列是有规律的。所以，微晶玻璃比陶瓷的亮度高，比玻璃韧性强。光洁如镜、质地致密均匀、无气孔、不透气、不吸水。常用厚度 12mm~20mm，主要规格为 1200mm×1200mm、1200mm×900mm、1200mm×1800mm、900mm×900mm、1200mm×2400mm、1600mm×2800mm 等。是一种新型绿色环保材料，适用于建筑内墙贴面、墙基贴面、分隔墙和屋顶等墙面装饰，也可用于地面、电梯内部和路面表示等交通频繁区域。

4.6.2 烤漆玻璃

烤漆玻璃是一种极富表现力的装饰玻璃品种，可以通过喷涂、滚涂、丝网印刷或者淋涂等方式来体现。在业内也叫背漆玻璃，分平面烤漆玻璃和磨砂烤漆玻璃。是在玻璃的背面喷漆，在 30~45° 的烤箱中烤 8~12 小时，在很多制作烤漆玻璃的地方一般采用自然晾干，不过自然晾干的漆面附着力比较小，在潮湿的环境下容易脱落。众所周知，油漆对人体具有一定的危害，在烤漆玻璃中为了保证现代的环保要求和人的健康安全需求，因此在烤漆玻璃制作时要注意采用环保的原料和涂料。常用于形象墙、私密空间等。具有耐酸碱性、耐候性、装饰性等特性（如图 4-33）。

4.6.3 聚晶玻璃

聚晶玻璃是利用普通玻璃加工而成，用聚晶玻璃油漆制作成多种风格不同的块件，色彩永不脱落，是一种全新的装饰材料。聚晶玻璃色彩和光泽度好，质感胜于陶瓷制品。制作灵活多变，可自定颜色、图案、规格进行加工，也可通过热弯造成曲折及半圆体。聚晶玻璃有良好的防潮性、抗腐性、抗酸碱性、耐热性。适用于如墙体表面、厨房、浴室内入口处、楼梯间、大堂砌图点缀、桌台表面装饰，以及招牌、屏风、壁炉、直柱周围装饰，并且能与木制品混合使用（如图 4-34）。

图 4-33 烤漆玻璃墙

图 4-34 聚晶玻璃

4.6.4 镶嵌玻璃

镶嵌玻璃具有样式新颖别致、隔热、隔音，保暖、抗氧化，并有较强抗撞击性、温差大不挂霜、内部镶嵌金属条（铜条、锌条铝条）等特点。（如图 4-35）。

图 4-35 镶嵌玻璃

陶瓷装饰材料

陶瓷制品种类很多，其中用于建筑装饰工程的陶瓷制品统称为陶瓷装饰材料。常用的建筑装饰制品有：釉面砖、陶瓷墙地砖、陶瓷锦砖和建筑琉璃制品等。

5.1 陶瓷的基本知识

陶瓷制品是以黏土为主要材料，经配料、制胚、干燥和焙烧制成的成品。用陶土烧制的器皿叫陶器，用瓷土烧制的器皿叫瓷器。陶瓷则是陶器、炻器和瓷器的总称。中国是陶瓷古国，陶瓷生产历史悠久，成就辉煌，为人类文明做出了巨大的贡献。

常用的建筑装饰制品有釉面砖、陶瓷墙地砖、陶瓷锦砖和建筑琉璃制品等。

5.2 釉面砖

釉面砖又称瓷砖，砖的表面经过施釉高温高压烧制处理的瓷砖，釉面砖表面可以做各种图案和花纹，比抛光砖的色彩和图案丰富，因为表面是釉料，所以耐磨性不如抛光砖。釉面砖主要用于建筑物内装饰，故又称为内墙面砖。

内墙釉面砖的种类按形状可分为通用砖（正方形、长方形）和异形配件砖。釉面砖表面光滑，色泽柔和典雅、朴素大方，主要用作厨房、浴室、卫生间、实验室、医院等场所的室内墙面和台面的饰面材料，具有热稳定性好，防火、防潮、耐酸碱腐蚀、坚固耐用、易于清洁等特点。

表 5-1　常用釉面砖的主要分类及特点

种　类		代 号	特　点
白色釉面砖		FJ	色纯、白、釉面光亮，便于清洁、大方
彩色釉面砖	有光彩色釉面砖	YG	釉面光泽晶莹、色彩丰富雅致
	无光彩色釉面砖	SHG	釉面半无光、不晃眼，色彩柔和
装饰釉面砖	花釉面砖	HY	在同一砖上施以多种彩釉，经高温烧成，色釉相互渗透，花纹千姿百态
	结晶釉面砖	JJ	晶花辉映，文丽多姿
	斑纹釉面砖	BW	斑纹釉面，颜色丰富
	大理石釉面砖	LSH	具有天然大理石花纹。颜色丰富
图案砖	白地图案砖	BT	在白色釉面砖上装饰各种图案，纹样清晰、色彩鲜明
	色地图案砖	YGT	具有浮雕、缎光、绒毛、彩漆等效果
字画釉面砖	瓷砖画	DYGT	用釉面砖拼成各种瓷砖画
	色釉陶瓷字	SHGT	色彩丰富、光亮美观、永不褪色

表 5-2　常用釉面砖规格   单位：mm

长	宽	厚	长	宽	厚
152	152	5	152	76	5
108	108	5	76	76	5
152	75	5	80	80	4
300	150	5	110	110	4
300	200	5	152	152	4
300	200	4	108	108	4
300	150	4	152	152	4
200	200	5	200	200	4

釉面砖形状主要分"通用砖"（正方形砖、长方形砖）和"异形砖"（如图 5-1、5-2）。

图 5-1　釉面砖

阳角条　　阴角条　　阳三角　　阴三角　　阴角座　　阴角座

腰线砖　　压顶条　　压顶阴角　　压顶阳角　　阳角条一端圆　　阴角条一端圆

图 5-2　异形砖

陶瓷墙地砖即用于建筑物室内外地面、外墙面的陶质建筑装饰砖，耐磨防滑性良好。墙地砖按表面可分彩釉墙地砖和无釉墙地砖，按形状可分为正方形、长方形、六角形、扇面形等，按表面的质感可分平面、麻面、毛面、磨光面、抛光面、纹点面等。

陶瓷墙地砖的主要特点：强度高、致密坚实、吸水率小、易清洗、防火、防水、防滑、耐磨、耐腐蚀和维护成本低（如图5-3）。

图 5-3 陶瓷墙地砖

5.3.1 彩釉墙地砖与无釉墙地砖

彩釉墙地砖装饰效果好，广泛应用于各类建筑物的外墙、柱的饰面和地面装饰。

无釉墙地砖吸水率较低，适用于商场、宾馆、饭店、游乐场、会议厅、展览馆等的室内外地面和墙面装饰。

无釉墙地砖的主要规格有 100mm×100mm×（89）mm、100~300mm×300mm×9mm 等，且有更大规格品种如 900mm×900mm、1200mm×1200mm 等。

5.3.2 其他墙地砖

抛光砖：表面光洁、耐污性差、施工前需打水蜡，适用于在洗手间、厨房外的室内空间中使用，有雪花白、云影、金花米黄、仿石材等系列，规格（长×宽×厚）有400mm×400mm×6mm、500mm×500mm×6mm、

600mm×600mm×8mm、800mm×800mm×10mm、1000mm×1000mm×10mm 等。

玻化砖：一种强化的抛光砖，具有天然石材的质感，具有高光度、高硬度、高耐磨、吸水率低、色差少，规格多样和色彩丰富的特点。规格有 400mm×400mm、500mm×500mm、600mm×600mm、800mm×800mm、900mm×900mm、1000mm×1000mm。适用于宾馆、写字楼、车站、机场等内外装饰及家装的台盆面板等（如图 5-4）。

劈离砖：又称劈裂砖。20 世纪 60 年代兴起于德国。由于生产工艺简单、能耗低、使用效果好而流行于世。可分为光面砖和毛面砖两种。劈离砖胚体密实、抗压强度高、吸水率小、表面硬度大、耐磨防滑、性能稳定。劈离砖吸水率较低，铺贴时不必浸水处理。适用于各类建筑物内、外墙装饰，适用于车站、机场、餐厅、楼堂馆等室内地面的铺贴材料。厚型砖还用于广场、公园、人行道路、甬道等露天地面的铺设（如图 5-5、5-6）。

表 5-3　劈离砖主要规格（mm）

240×52×11	194×94×11	194×52×13	190×190×13
240×71×11	120×120×12	194×94×13	150×150×14
240×115×11	240×52×12	240×52×13	200×200×14
200×100×11	240×115×12	240×115×13	300×300×14

图 5-4　玻化砖铺地

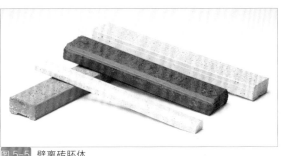
图 5-5　劈离砖胚体

图 5-6　外墙劈离砖

陶瓷透水砖：呈多孔结构，具有较高机械强度、孔梯度结构、抗冻融性能好、有良好的透水和保水性、防滑性能好，同时具有生态环保性能，改善城市微气候、阻滞城市洪水的形成等功能，适用于室外景观道路铺设，适用于生态道路，广场砖，公园、植物园、工厂区域、停车场、花房等（如图 5-7、5-8）。

图 5-7　陶瓷透水砖

图 5-8 生态路陶瓷透水砖铺地

仿古砖：釉面瓷砖的一种，可用于建筑墙地面。由于花色有纹理，类似石材贴面用久后的效果，行业内一般简称为仿古砖。主要规格有 100mm × 100mm、150mm × 150mm、165mm × 165mm、200mm × 200mm、300mm × 300mm、330mm × 330mm、400mm × 400mm、500mm × 500mm、600mm × 600mm，600mm × 1200mm、900mm × 1800mm。给人以素雅、沉稳、古朴、自然、宁静的美感；具有透气性、吸水性、抗氧化、净化空气等特点，是房屋墙体、路面装饰的一款理想装饰材料（如图 5-9）。

图 5-9 仿古砖

金属光泽釉面砖：呈现金、银等金属光泽，能够营造出金碧辉煌的特殊效果，具有抗风化、耐腐蚀、持久常新的特点，适用于高级宾馆、饭店、酒吧、咖啡厅等娱乐场所的柱面和门面装饰。

大颗粒瓷质砖：具有花岗岩外观质感和陶瓷马赛克的色点装饰外观，有极好的耐磨、抗折、抗冻和防污等特性，适用于各种公共建筑室内外地面和墙面。

麻面砖：麻面砖是采用仿天然岩石色彩的配料，压制成表面凹凸不平的麻面坯体后，经一次烧成的炻质面砖。砖的表面酷似经人工修凿过的天然岩石面，纹理自然，粗犷稚朴，有白、黄、红、灰、黑等多种色调。主要规格有 200mm × 100mm、200mm × 75mm 和 100mm × 100mm 等。麻面砖吸水率小于 1%，抗折强度大于 20MPa，防滑耐磨。薄型砖适用于建筑物内外墙装饰，厚型砖适用于广场、停车场、码头、人行道等地面铺设（如图 5-10）。

瓷制彩胚砖：有天然花岗岩的纹理、硬度、耐久度，多为灰、棕、蓝、绿、黄、红等，表面有两种，磨光和抛光，适用于人流密度大的商场、影院、酒店等公共场所。

仿天然石材墙地砖：仿花岗岩墙地砖和仿大理石墙地砖，具有花岗岩的质感和色调，适用于会议室、宾馆、饭店、展览馆、图书馆、商场、舞厅、酒吧、车站、飞机场等（如图 5-11）。

装饰木纹砖：是一种表面呈现木纹装饰图案的新型环保建材。分原装边（烧成时即是长条形，无须切割）和精装边（方砖，后期都切割后铺贴）两大类，各有优缺点。表面经防水处理，适用于快餐厅、酒吧、专卖店等商业空间，也适用于人的居住空间。

图 5-10 麻面砖

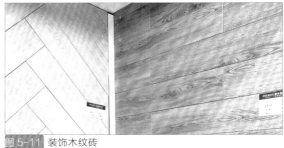
图 5-11 装饰木纹砖

5.4 陶瓷锦砖

俗称陶瓷马赛克。按表面质地可分有釉锦砖、无釉锦砖、艺术马赛克；按材质可分金属马赛克、玻璃马赛克、石材马赛克和陶瓷马赛克四大类；按形状可分正方形、长方形、六角形、棱形等；按色泽可分单色、拼花；按用途可分内外墙马赛克、铺地马赛克、广场马赛克、阶梯马赛克和壁画马赛克。

不同规格的数块的小马赛克粘贴在牛皮纸上或粘贴在专用的尼龙丝网上，单块规格一般为 25mm×25mm、45mm×45mm、100mm×100mm、45mm×95mm，单联规格一般为 285mm×285mm、300mm×300mm、318mm×318mm。

特点：质地坚实、色泽图案多样、吸水率极低、抗压性好，具有耐酸、耐碱、耐磨、耐水、耐压、耐冲击、易清洁、防滑、自重轻等特点。适用于喷泉、游泳池、酒吧、舞厅、体育馆和公园的装饰，人居空间中的卫浴空间、餐厅等（如图 5-12、5-13）。

图 5-12 陶瓷马赛克装饰立柱

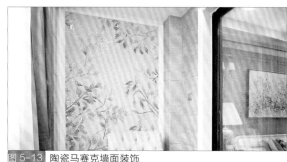

图 5-13 陶瓷马赛克墙面装饰

5.5 建筑琉璃制品

建筑琉璃制品是一种釉陶制品，属于高级建筑饰面材料，它的表面有多种纹饰，色彩鲜艳，有金黄、宝蓝、翠绿等，造型各异，古朴而典雅，能够充分体现中国传统建筑风格和民族特色。但也有一个缺点，自重大。适用于景观园林建筑中的亭、台、楼、阁中，可营造出古典园林风格（如图 5-14、5-15）。

图 5-14 建筑琉璃照壁

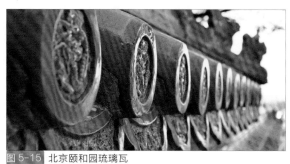

图 5-15 北京颐和园琉璃瓦

5.6
新型陶瓷

新型陶瓷材料在性能上有其独特性。在热和机械性能方面，其耐高温、隔热、高硬度、耐磨耗；在电性能方面有绝缘性、压电性、半导体性、磁性等特性；在化学方面有催化、耐腐蚀、吸附等功能。

陶瓷浮雕壁画：是以陶瓷面砖、陶板等建筑材料经镶拼制成，有凹凸的浮雕效果，单块面积大、厚度薄、强度高、平整度好，吸水率低，抗冻性高、抗化学腐蚀，适宜镶嵌在商场、宾馆、酒店、会所等高层建筑物上，也可镶贴于公共活动场所（如图 5-16）。

图 5-16 陶瓷浮雕壁画

陶土板：又称陶板。常规厚度为 15mm~30mm，常规长度为 300mm、600mm、900mm、1200mm，常规宽度为 200mm、250mm、300mm、450mm。有红色、黄色、灰色三个色系，保温效果好，降低传热性，保温和隔音，适用于大型场馆、公共设施及楼宇外墙材料，还可用于大空间的室内墙壁，如办公楼大厅、地铁车站、火车站候车大厅、候机大厅、博物馆、歌舞剧等（如图 5-17、5-18）。

图 5-18 陶土板建筑外墙

软性陶瓷：质地柔软，弹性强。具有富有弹性、防滑防潮、质地坚硬等特点，适用于商业空间室内墙面、娱乐空间、健身场所、儿童房、浴室等（如图 5-19）。

陶瓷彩铝：具有耐磨损、耐腐蚀和抗酸碱、抗老化、抗紫外线、质量轻、强度高、变形小、稳定性高、耐久性强等特点，适用于室内门窗表面。

Decotal 瓷砖：厚度不足 2mm，由工程聚合物混凝土制作，和具有反射光线金属结合起来，有超轻的质量和最小的厚度，并可直接贴在需要改造翻新的砖上，有温触效果，加上表面反光的金属装饰，可定制任何需要的尺寸规格、形状（如图 5-20）。

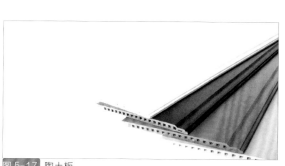

图 5-17 陶土板

图 5-19 软性陶瓷

图 5-20 Decotal 瓷砖

金属装饰材料

金属装饰材料作为建筑装饰材料具有独特的光泽和颜色，金属庄重华贵，经久耐用，均优于其他各类建筑装饰材料。现代常用的金属装饰材料包括铝及铝合金、不锈钢、彩色钢板等。

6.1 金属装饰材质的基本知识

金属装饰材料分为黑色金属装饰材料、有色金属装饰材料、复合金属装饰材料三大类。黑色金属包括铁、铸铁、钢材,其中的钢材主要是作房屋、桥梁等的结构材料,只有钢材的不锈钢用作装饰使用。有色金属包括有铝及其合金、铜及铜合金、金、银等,复合金属装饰材料有铝塑板、不锈钢包覆钢板等,它们在建筑装饰装修中的应用是多种多样、丰富多彩的。

6.1.1 按材料性质分类

按材料性质分类,金属可分为黑色金属装饰材料、有色金属装饰材料和复合金属装饰材料。

黑色金属装饰材料:铁和铁合金形成的金属装饰材料,如碳钢、合金钢、铸铁、生铁等。

有色金属装饰材料:铝及铝合金、铜及铜合金、金、银等。

复合金属装饰材料:铝塑板、不锈钢包覆钢板等。

6.1.2 按装饰部位分类

按装饰部位分类金属可分为金属天花装饰材料、金属墙面装饰材料、金属地面装饰材料、金属外立面装饰材料、金属景观装饰材料及金属装饰品。

金属天花装饰材料:铝合金扣板、铝合金方板、铝合金格栅、铝合金格片、铝塑板天花、铝单板天花、彩钢板天花、轻钢龙骨、铝合金龙骨制品等。

金属墙面装饰材料:铝单板内外墙板、铝塑板内外墙装饰板、彩钢板内外墙板、金属内外墙装饰制品、不锈钢内外墙板等。

金属地面装饰材料:不锈钢装饰条板、压花钢板、压花铜板等。

金属外立面装饰材料:铝单板、铝塑板、钛锌板、金属型材、铜板、铸铁、金属装饰网、配合玻璃幕墙的铝合金型材和钢型材等。

金属景观装饰材料:不锈钢、压型钢板、铝合金型材、铜合金型材、铸铁材料、铸铜材料等。

金属装饰品:不锈钢装饰品、不锈钢雕塑、铸铜、铸铁雕塑、铸铁饰品、金属帘、金属网、金银饰品等。

6.1.3 按材料形状分类

金属装饰板材:钢板、不锈钢板、铝合金单板、铜板、彩钢板和压型钢板。

金属装饰型材:铝合金型材、型钢和铜合金型材。

金属装饰管材:铝合金方管、不锈钢方管、不锈钢圆管、钢圆管、方钢管和铜管等。

6.2 常用金属面板

金属面板是一种以金属为表层材料的新型装饰材料,不仅具有反腐性,还具有一定的装饰效果,如彩色钢板、不锈钢板、铝及铝合金装饰板等。

6.2.1 彩色钢板

彩色钢板不仅具有反腐功能,而且具增加装饰效果,装饰彩膜。可分为彩色压型钢板、彩色涂色钢板、彩色条板、扣板、放行平面板。

彩色压型钢板是以镀锌钢板为基材,属于轻型板材,具有质量轻、抗震性能好、耐久性强、色彩鲜艳、易加工、施工方便的特点,适用于建筑的屋盖、墙板、墙面装饰。屋面和墙面常用板厚为 0.4mm~1.6mm;用于承重楼板或简仓时厚度达 23mm 或以上。波高一般为 10mm~200mm 不等。当不加筋时,其高厚比宜控制在 200mm 以内。当采用通长屋面板,其坡度可采用 25°,则挠度不超过 l/300(l 为计算跨长)(如图 6-1、6-2)。

图 6-1 彩色压型钢板

图 6-2 彩色压型钢板

彩色涂层钢板可分为有机涂层、无机涂层、复合涂层三种,涂层附着力强,长期保持鲜艳色彩,可切、弯曲、钻孔、铆接等,耐污染、耐热、耐低温等,可用于建筑外墙面、屋面板、护壁板等,免维护,使用年限根据环境大气不同可为 20~30 年(如图 6-3)。

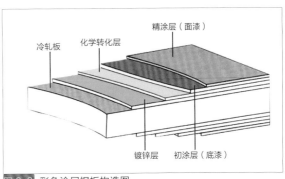

图 6-3 彩色涂层钢板构造图

彩色扣板及方形平面板的色彩丰富、亮丽不褪色、牢固性强、制作安装方便快捷、性价比高。广泛用于户外广告招牌底板等。扣板尺寸规格一般为 3000mm×120mm、3000mm×75mm、3000mm×150mm 等(如图6-4、6-5)。

图 6-4 彩色方形平面板

图 6-5 彩色扣板

6.2.2 不锈钢及制品

不锈钢是不锈耐酸钢的简称，耐空气、蒸汽、水等弱腐蚀介质或具有不锈性的钢种称为不锈钢，它具有耐腐蚀性、强度、韧性、可塑性都很好。可分为不锈钢薄板、不锈钢型材、不锈钢异型材、不锈钢管材等。

厚度小于 2mm 的薄钢板应用最多，可加工成光面不锈钢板（镜面不锈钢板）、砂面不锈钢板、拉丝面不锈钢板、腐蚀雕刻不锈钢板、凹凸不锈钢板和弧形板等。可用于加工成幕墙、隔墙、门、窗、内外装饰面、栏杆扶手，不锈钢包柱广泛用于大型商场、宾馆、餐馆入口、门厅、中厅等处。不锈钢板的宽度一般为 500mm~1000mm，长度一般为 2000mm~3000mm，厚度一般为 0.35mm、0.4mm、0.5 mm、1.0 mm、1.2 mm、1.4 mm、1.5 mm、1.8 mm、2.0mm 等。

镜面不锈钢板广泛用于宾馆、商场、办公楼、机场等建筑的柱、墙、天花、橱窗、柜台等。镜面不锈钢分 8k 和 8s 两种，厚度一般为 0.6mm~1.5mm，宽度一般为 1219mm，规格一般为 2438mm×1219mm 和 3048mm×1219mm 两种（如图 6-6、6-7、6-8）。

图 6-6 不锈钢扶手

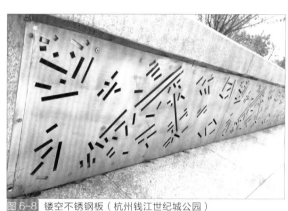
图 6-7 不锈钢薄板卷材

图 6-8 镂空不锈钢板（杭州钱江世纪城公园）

彩色不锈钢板具有绚丽的颜色，可用于厅堂墙板、天花板、电梯厢板、建筑装潢、招牌等装饰。厚度一般为 0.2mm、0.3mm、0.4 mm、0.5mm、0.6 mm、0.8 mm 等，长 × 宽一般有 2000mm×1000mm 和 1000mm×500mm 两种（如图 6-9）。

图 6-9 彩色不锈钢板

6.3
铝及铝合金装饰板

铝，银白色轻金属，有延展性。相对密度 2.70，熔点 660℃，沸点 2327℃。具有质轻、耐腐蚀、易加工、塑性性好、不生锈、经久耐用等特点。铝合金密度低，但强度比较高，接近或超过优质钢，塑性好，可加工成各种型材，具有优良的导电性、导热性和抗蚀性，工业上应用广泛，使用量仅次于钢。

6.3.1 铝合金门窗

铝合金门窗：质量轻、气密性、水密性、隔音性均好、强度高、刚度好。按开启方式可分为平开、对开、推拉、折叠、上悬、外翻等。但较之于塑钢而言，价格低廉、维修费用低（如图 6-10、6-11）。

6.3.2 铝合金装饰板

铝塑板：作为一种新型装饰材料，自 20 世纪 80 年代末 90 年代初从德国引进到中国，便以其经济性、可选色彩的多样性、便捷的施工方法、优良的加工性能、绝佳的防火性及高贵的品质，迅速受到人们的青睐。铝塑复合板本身所具有的隔音、防火、防水、耐腐蚀、防震性强，可减轻建筑复合、密度小、刚性强、易加工、耐持久等优良的性能，决定了其广泛的用途：它可以用于大楼外墙、帷幕墙板、旧楼改造翻新、室内墙壁及天花板装修、广告招牌、展示台架、净化防尘工程，属于一种新型建筑装饰材料（如图 6-12、6-13、6-14）。

图 6-11 铝合金窗

图 6-10 铝合金窗

图 6-12 铝塑板装饰门厅

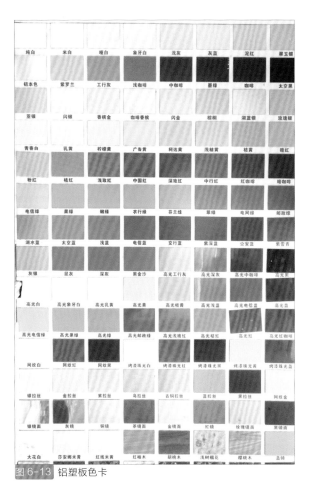

图 6-13　铝塑板色卡

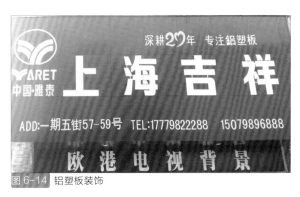

图 6-14　铝塑板装饰

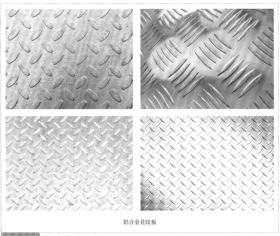

铝合金花纹板

图 6-15　铝合金花纹板

铝合金穿孔吸声板：用于车间厂房、宾馆、饭店、影剧院、播音室、计算机机房的天棚及墙壁等公共建筑，可改善音质条件，降低噪音。除铝合金装饰板的通用特点外，还具有耐高温、防震等特点（如图 6-16）。

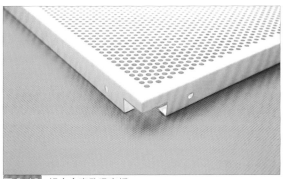

图 6-16　铝合金穿孔吸音板

铝合金波纹板：适用于宾馆、饭店、商场等建筑墙面和屋面装饰。自重轻、有较强的光反射能力、防火防潮、耐腐蚀、经久耐用（如图 6-17、6-18）。

铝合金花纹板：多用于建筑外墙面和楼梯踏步等防滑部分，防滑性能好、防腐蚀性强、不易磨损、便于冲洗、便于安装（如图 6-15）。

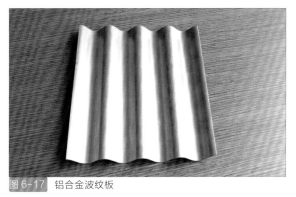

图 6-17　铝合金波纹板

图 6-18　铝合金金波纹板建筑外墙装饰

铝合金扣板：分开放式条板和插入式条板两种，有银白色、茶色、彩色（烤漆）等。扣板分针孔型和无孔型，具有极强的复合牢度、适温性强、重量轻、强度高、隔音隔热、防震、安全无毒、防火、色彩丰富、可选性广、耐久、易清洁、富有立体感，铝合金扣板板面平整，棱线分明，适用吊顶系统的尺寸有 500mm×500mm 或 600mm×600mm。按方板边缘不同可分为嵌入式方板和浮搁式方板。根据荷载能力可分为轻型、中型、重型三种。外观整齐、大方、富贵高雅、视野开阔。而且装拆方便，每件板均可独立拆装，便于施工和维护。如需调换和清洁吊顶面板，可用磁性吸盘或专用拆板器快速取板，也可在穿孔板背面覆加一层吸音面纸或黑色阻燃棉布，以便达到一定的吸音标准（如图 6-19、6-20）。

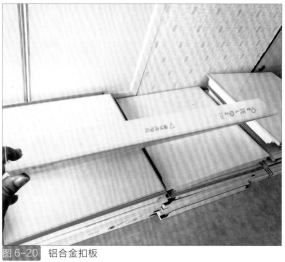

图 6-20　铝合金扣板

铝合金格栅：通风性好，立体感强。适用于超市、酒吧、商场等，常规厚度为 0.5mm，可根据要求加厚，如 75mm×75mm、100mm×100mm、110mm×110mm、120mm×120mm、125mm×125mm、200mm×200mm、250mm×250mm 等规格，高度为 30mm、40mm、50mm（如图 6-21、6-22）。

图 6-19　铝合金铝扣板吊顶

图 6-21　铝合金格栅装饰建筑外立面

图6-23 U形铝合金挂片

铝合金挂片：打破了以往大块形状的吊顶风格，使用长距离的铝合金挂片可使空间显得更宽敞，有J形挂片、S形挂片、鹰嘴形挂片、U形挂片、滴水形挂片、圆管形挂片等。铝合金挂片具有防火、防水、环保、吸音、反光隔热、层次分明、美观大方、线条简洁、经久耐用、通风效果好、装拆灵活等特点，适用于大面积公共场所（如图6-23、6-24）。

图6-24 滴水形铝合金挂片

6.4 金属龙骨材料

金属龙骨材料是一种新型的建筑材料，具有重量轻、强度高、施工简便等特点，同时具有一定的防腐、防火功效。

6.4.1 铝合金龙骨

铝合金龙骨：铝合金龙骨具有强度高，质量较轻，个性化性能强，装饰性能好，易加工，安装便捷的特点，最大负荷 80N/m²。铝合金龙骨一共分为三个部分，一是主龙（行业内称之为大T），二是副龙（行业内称之为小T），三是修边角，大T常规长度是3米，小T常规长度是6~10米。按用途可分隔断龙骨和吊顶龙骨，隔断龙骨多用于室内隔断墙，它以龙骨为骨架，两面覆以石膏板或以石棉水泥板、塑料板、纤维板等为墙面，表面以塑料壁纸和贴墙布、内墙涂料等进行装饰。吊顶龙骨可与板材组成 450mm×450mm，500mm×500mm，600mm×600mm 的方格（如图6-25、6-26、6-27）。

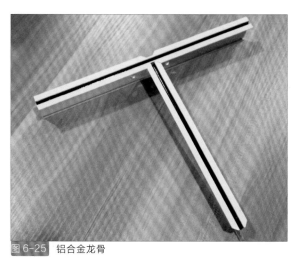

图 6-25　铝合金龙骨

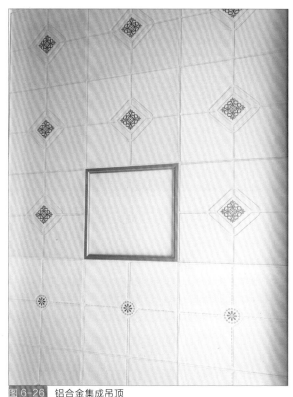

图 6-26　铝合金集成吊顶

图 6-27　铝合金龙骨构造

6.4.2 轻钢龙骨

轻钢龙骨：一种新型的建筑材料，一般采用薄钢板和镀锌铁皮卷压成型，分为主龙骨、次龙骨及连接件。具有重量轻、强度高、防水、防震、防尘、隔音、吸音、恒温等功效，同时还具有工期短、施工简便等优点。按用途可分为隔断龙骨和吊顶龙骨；断面形状有 U 形、L 形和 T 形。其厚度为 0.5mm~1.5mm。具有强度大、通用性强、安装方便、防火等特点，可用水泥压力板、岩棉板、纸面石膏板、石膏板、胶合板等材料与之配套使用。吊顶龙骨代号为 D，隔断龙骨代号为 Q。轻钢龙骨根据载荷强度分：轻型——不上人；中型——偶尔上人，可在其上铺设简易检修道；重型——承受上人检修 800N 集中活载荷，可铺设永久检修道。广泛用于宾馆、候机楼、车运站、车站、游乐场、商场、工厂、办公楼、旧建筑改造、室内装修设置、顶棚等场所（如图 6-28、6-29）。

根据国家标准《建筑用轻钢龙骨》（GB/T 11981-2008），吊顶轻钢龙骨主要有 D38、D45、D50、D60，具体如表格 6-1 所示。

根据国家标准《建筑用轻钢龙骨》（GB/T 11981-2008），隔断轻钢龙骨主要有 Q50、Q75、Q100、Q150 系列。Q50 系列主要用于层高小于 3.5 米的墙墙，Q75 系列主要用于层高为 3.5~6.0 米的隔墙，Q100 及以上系列主要用于层高在 6.0 米以上的墙体，如下表 6-2 所示。

图 6-28　轻钢龙骨

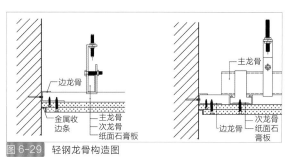
图 6-29　轻钢龙骨构造图

表 6-1　吊顶轻钢龙骨的名称、产品代号、规格尺寸及适用范围

名称	产品代号	规格尺寸／mm			吊点间距	适用范围
		宽	高	厚		
主龙骨（承载龙骨）	D38	38	12	1.2	9001200	不上人
	D50	50	15	1.2	1200	上人
	D60	60	30	1.5	1500	上人
次龙骨（覆面龙骨）	D25	25	19	0.5		
	D50	50	19	0.5		
L 形龙骨	L35	15	35	1.2		
T16-40 暗式轻钢吊顶龙骨	D-1 型吊顶	16	40		1250	不上人
	D-2 型吊顶	16	40		750	不上人、防火
	D-3 型吊顶	DC+T16-40 龙骨构成骨架			9001200	上人
	D-4 型吊顶	T16-40 配纸面石膏板			1250	不上人
	D-5 型吊顶	DC+T16-40 配铝扣板			9001200	上人
主龙骨（轻钢）	D60(CS60)	60	27	1.5	1200	上人
主龙骨（轻钢）	D60(C60)	60	27	0.63	850	不上人

表 6-2　隔墙轻钢龙骨的名称、产品代号、规格尺寸及适用范围

名　称	产品代号	标　记	规格尺寸／mm			适用范围
			宽	高	厚	
沿顶沿地龙骨	Q50	QU50×40×0.8	50	40	0.8	层高 3.5m 以下
竖龙骨		QU50×45×0.8	50	45	0.8	
通贯龙骨		QU50×12×1.2	50	12	1.2	
加强龙骨		QU50×40×1.5	50	40	1.5	
沿顶沿地龙骨	Q70	QU77×40×0.8	77	40	0.8	层高 3.5~6.0m
竖龙骨		QU75×45×0.8	75	40	0.8	
		QU75×50×0.5	75	50	0.5	
通贯龙骨		QU38×40×0.8	38	40	0.8	
加强龙骨		QU75×40×0.8	75	40	0.8	
沿顶沿地龙骨	Q100	QU102×40×0.5	102	40	0.5	层高 6.0m 以上
竖龙骨		QU100×45×0.8	100	45	0.8	
通贯龙骨		QU38×12×1.2	38	12	1.2	
加强龙骨		QU100×40×1.5	100	40	1.5	

6.4.3 型钢龙骨

　　型钢龙骨指室内装饰中一些重量较大的棚架、支架、框架，需要用型钢材料作为骨架，常用的有槽钢、角钢、扁钢和圆管钢。

　　槽钢的受力特点是承受垂直方向力和纵向压力的能力较强，承受扭转力矩的能力较差。常用的槽钢产品为热轧普通槽钢。结构型槽钢包括 H 型和冷弯薄壁型槽钢等（如图6-30、6-31）。

　　角钢的应用较为广泛，一般作为钢骨架的支撑件，也可作为承重矫情的梁架。角钢受力特点是承受纵向压力、拉力的能力较强，承受垂直方向力和扭转力矩的能力较差，角钢有等边角钢和不等边角钢两个系列（如图6-32）。

图 6-31　型钢楼梯

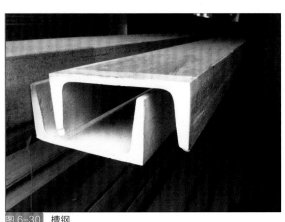

图 6-30　槽钢

图 6-32　角钢

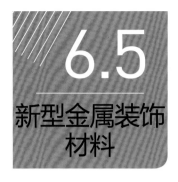

6.5
新型金属装饰材料

新型金属装饰材料即金属板中加入"钛"或"铜"等金属元素，此类新型金属板质地非常轻盈，却又十分坚韧和耐腐蚀，同时在常温下长效保持本身的色调，具有丰富的装饰性。

钛锌板是高级金属合金板，依照欧洲标准 EN988 制造。它的成分为 99.995% 纯锌及少量的铜（0.08%）、钛（0.06%）等合金材料，出厂为卷材，宽 1 米或其他定做规格，厚度包括 0.7mm、0.8mm、0.9mm、1.0mm、1.2mm、1.5mm 等规格，材料密度为 7.18 g/cm³，导热性 109W/m x k，熔点为 418℃，纵向热膨胀系数为 0.022mm/m x o c，概约重量为 5kg/m²（0.7mm 厚度）。特别适合公共建筑（尤其是标志性建筑）如机场、会展中心、文化中心、体育场馆、高级住宅、高级写字楼屋面使用。

将钛锌板用于屋面、幕墙装饰，一般厚度在 0.5~1.0mm，重量为 3.57.5kg/m²，如 0.82mm 厚的钛锌板屋面板重量仅为 5.7kg/m²，是一种质量极轻的屋面材料，对屋面结构基本没有任何影响。屋面用钛锌板断裂强度为 16kg/m²，延伸率为 15%~18%，弹性模量 1.5×105MPa，密度 7.15。钛锌板的适用坡度为 390°，几乎是从很低的坡度一

直到垂直的各种坡度都可以采用，其固定方法有多种，将连接板与两层钛锌板一起折叠进行咬合；接缝不用进行任何处理即可得到良好的防水效果，且长期使用依然能保持金属的光泽，属绿色建材（如图 6-33、6-34、6-35）。

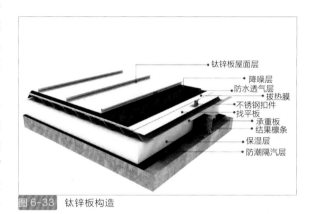

- 钛锌板屋面层
- 降噪层
- 防水透气层
- 拔热膜
- 不锈钢扣件
- 找平板
- 承重板
- 结果檩条
- 保湿层
- 防潮隔汽层

图 6-33 钛锌板构造

图 6-34 锌板建筑幕墙

图 6-35　钛锌板建筑幕墙

钛金属板：将金属钛合金制作成板形钛金属板指。钛金属板具有极佳的金属质感和色彩。对钛材表面进行深加工可以得到色彩与质感极为丰富的表观特征。钛金属板材所表现出的颜色完全由其表面氧化膜的厚度所决定。随着钛金属表面的氧化覆膜厚度的增加，钛金属所表现出的颜色大致由浅黄色变为金黄色变为钴蓝变为草绿色变为淡红到深紫……

钛金属板具有表面光泽度高、强度高、自重轻、热膨胀系数低、耐腐蚀性优异、无环境污染等特性，如国家大剧院近 40000m² 的壳体外饰面，有 30800m² 是钛金属板，6700m² 玻璃幕墙。2000 多块尺寸约 2000mm×800mm×4mm 的钛金属板是由 0.3mm 厚的钛 +3.4mm 厚的氧化铝 +0.3mm 厚的不锈钢复合而成的（如图 6-36、6-37）。

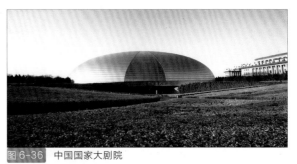

图 6-36　中国国家大剧院

太古铜板：太古铜板具有极佳的加工适应性和强度，它的屈服强度和延伸率成反比关系，经过加工折弯的铜板硬度增加，但可以通过加热处理来降低硬度，在所有建筑用金属中，它具有最好的延伸性能。适用于平锁扣、立边咬合屋面、单元墙体板块、雨排水系统等各种工艺和系统，在造型适应

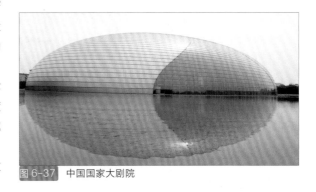

图 6-37　中国国家大剧院

性方面极具优势。

太古铜板的加工性能不受温度的限制，低温时也不变脆，高熔点使其可以采用氧吹等热熔焊接方式。属于"A"级防火材料，即不燃材料。颜色主要有紫色、咖啡色、绿色等。同时铜的循环使用率很高，90%以上可回收熔炼，这是环保材料的重要特征。

金属雕花板：金属雕花板由表面材质、芯材和里面材质三部分构成。金属雕花板质量轻、强度高、耐冲击性能好。它质轻上优点不仅降低了建筑本身的负担，并且很大程度上降低了地震对建筑物的影响。该板材安装在轻钢结构的建筑上，整体性强，抗震防裂，坚固安全。同时保温隔热、降耗节能、阻燃、防水防潮，装饰性强，可形成红木纹、文化石、大理石等艺术装饰效果。广泛地应用于市政建设、公寓住宅、办公会馆、别墅、园林景点、旧楼改造、门卫岗亭等诸多工程领域。该建材既适用于新建的砖混结构、框架结构、钢结构、轻体房等类型的建筑，也适用于既有建筑的装饰节能改造，以及室内外装饰。外墙保温装饰一体板正在成为越来越多墙体保温装饰建材的首选（如图6-38、6-39、6-40）。

图 6-39　金属雕花板外墙装饰

图 6-40　金属雕花板活动房

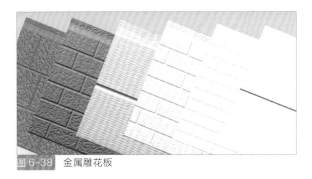

图 6-38　金属雕花板

金属马赛克：金属质感，颗粒尺寸一般有20mm×20mm、25mm×25mm、30mm×30mm、50mm×50mm、100mm×100mm等（如图6-41）。

图 6-41　金属马赛克边柜

石膏制品
装饰材料

建筑上将散粒材料（砂、石）或块状材料（砖、石块）能粘结成一个整体材料统称为胶凝材料。胶凝材料分为两大类：有机胶凝材料和无机胶凝材料。无机胶凝材料按硬化条件可分为气硬胶凝材料和水硬胶凝材料，气硬胶凝材料即在空气中硬化的材料，如石膏、石灰，水硬胶凝材料即在水中硬化的材料，如水泥。

7.1 石膏的基本知识

石膏属气硬胶凝材料，有良好的可塑性，可锯、刨、钉等，但耐水性和抗冻性较差，不宜在潮湿寒冷的场所使用。石膏可用于制作石膏板、石膏条板、石膏切块及棱角线条清晰的花饰、艺术雕塑等。

7.2 石膏装饰制品

石膏装饰品是以石膏为主，加入麻丝、纸筋等纤维材料制成的，可分为石膏板材类制品和艺术石膏类制品。石膏板材可分为石膏装饰板、石膏装饰吸声板、石膏耐水板、石膏耐火板等；艺术石膏类制品主要有石膏装饰线、石膏装饰柱头、石膏装饰浮雕、石膏装饰花饰、石膏艺术造型等。

石膏板材类制品防火、隔音、隔热、质量小、强度高、收缩率小的特点，且稳定性好、不老化、防虫蛀、施工简便。石膏板可分为装饰石膏板、纸面石膏板、嵌装式石膏板、耐火纸面石膏板、耐水纸面石膏板和吸声用穿孔石膏板。

7.2.1 装饰石膏板

装饰石膏板是以建筑石膏为主要原料，掺加少量纤维材料等制成的有多种图案、花饰的板材。它是一种新型的室内装饰材料，适用于中高档装饰，具有轻质、防火、防潮、易加工、安装简单等特点。特别是新型树脂仿型饰面防水石膏板，板面覆以树脂，饰面仿型花纹，具有质量小、强度高、防潮、防火、防水、色调图案逼真，新颖大方，耐污染、易清洗等性能，可进行锯、刨、钉、粘等加工，施工方便可用于装饰墙面，做护墙板及踢脚板等，是代替天然石材和水磨石的理想材料。

装饰石膏板一般为正方形，规格有：500mm×500mm×9mm、600mm×600mm×11mm。棱边有直角和倒角两种。可制成平面型、带有浮雕图案一级带有小孔的装饰石膏板，可用于室内隔断和吊顶的装饰。一般情况下，层高在2.6~6m的吊顶，适用于宾馆、商场、餐厅、礼堂、音乐厅、练歌房、影剧院、会议室、医院、候机室、幼儿园、住宅等建筑的墙面和吊顶装饰。

装饰石膏板分为普通板，如平板 P、穿孔板 K、浮雕板和防潮板，如平板 FP、穿孔板 FK、浮雕板。

表 7-1 装饰石膏板规格

名称及执行标准	尺寸/mm			应用范围
	厚度	宽度	长度	用于各种轻钢龙骨石膏板，各种平面吊顶
装饰性石膏板	9	500	500	
	11	600	600	

7.2.2 纸面石膏板

纸面石膏板是以天然石膏和护面纸为主要原材料，掺加适量纤维、淀粉、促凝剂、发泡剂和水等制成的轻质建筑薄板。有质地轻、强度高、变形小、防火、防蛀、加工性好、易于装修等特点，纸面石膏板有普通纸面石膏板、防火纸面石膏板和防水纸面石膏板，形状为矩形，板长为1800mm~3660mm；板宽900mm~1220mm 要厚度有825mm 等，纸面石膏板的棱边形状有矩形边（PJ）、45°倒角边（PO）、楔形边（PC）、半圆形（PB）和圆形（PY）。可用作隔断、吊顶等部位的罩面材料（如图 7-1）。

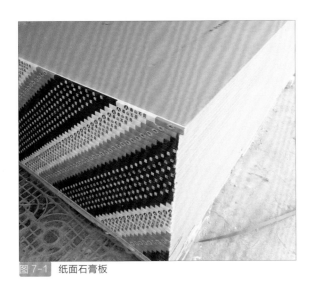

图 7-1 纸面石膏板

7.2.3 嵌装式石膏板

以建筑石膏为主要原料，掺入适量的纤维增强材料和外加剂，经浇筑成形、干燥而成的不带护面板的板材，板材背面四边加厚，并带有嵌装企口，有装饰板和吸声板两类。装饰板正面有平面和浮雕面等，代号为 QZ。吸声板正面有一定数量的穿孔洞，代号为 QS（影剧院吊顶用）。一般也为正方形，但背面四边加厚，规格有 600mm×600mm，边厚大于 28mm；500mm×500mm，边厚大于 25mm。可用于室内吊顶装饰。板材互相咬合，龙骨不外露，主要用于吸声要求高的建筑物内部装饰，如音乐厅、礼堂、教室、影剧院、演播室、录音棚等（如图 7-2）。

嵌装式石膏板断面构造

图 7-2 嵌装式石膏板

7.2.4 耐火纸面石膏板

也称"防火纸面石膏板"，是以建筑石膏为主要原料，添加特殊防火材料制成的板材。这种板材在发生火灾时，可在一定时间内保持结构完整（在建筑结构里），从而起到延缓石膏板坍塌，阻隔火势蔓延，延长防火时间的作用。该板在生产过程中加入玻璃纤维和其他添加剂，能够有效地在遇火时起到增强板材完整性的作用。多用粉红色的纸面做维护纸板。适用于防火等级要求高的建筑室内的吊顶、隔墙等，如厨房、幼儿园、博物馆、展览馆、娱乐场所、影剧院等公共场所及电梯、楼梯通道、柱、梁的外包防火（如图 7-3）。

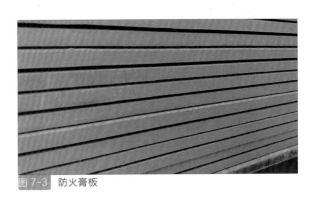

图 7-3 防火膏板

表 7-2 纸面石膏板规格 单位：mm

名称及执行标准	边形	长	宽	厚	应用范围
纸面石膏板 GB／T9775-2008	梯形边	3660	1220	9.5	用于各种轻钢龙骨石膏板隔墙、贴面墙、曲面墙等，各种平面吊顶及曲面吊顶
		2000	1200	12、85	
	直角边	2440	900	12.7、90	
		2400	900	15	

表 7-3 嵌装式石膏板规格 单位：mm

名 称	尺 寸			应用范围
	长	宽	厚	
嵌装式石膏板	500	500	> 25	用于各种轻钢龙骨石膏板，各种平面吊顶
	600	600	> 25	

7.2.5 耐水纸面石膏板

也称"防水石膏板"，这种石膏板在根据美国 ASTM 标准做水试验时，吸水率为 5%，有良好的耐水性和憎水效果，能够用于湿度较大的区域，如卫生间、沐浴室和厨房等。该板在石膏芯材里加入定量的防水剂，使石膏本身具有一定的防水性能。此外，石膏板纸也经过防水处理，是一种比较好的具有更广泛用途的板材。但此板不可直接暴露在潮湿的环境里，也不可直接进水长时间浸泡，护面纸呈绿色。（如图 7-4）。

7.2.6 吸声用穿孔石膏板

以装饰石膏板和纸面石膏板为基础板材，并有贯通于石膏板正面和背面的圆柱形孔眼。石膏板背面粘贴具有透气性的背覆材料和能吸收入声波的材料等，吸声用穿孔石膏板的棱边形状有直角形和倒角形，是理想的吊顶隔墙吸声材料。适用于对吊顶隔墙的视觉效果、清洁度、声环境要求较高的公用建筑、政府、酒店、写字楼、体育馆、金融单位、企业、商场、厂房、学校、医院、住宅等（如图 7-5）。

7.2.7 布面石膏板

适用于吊顶、轻质隔墙等，附着力远超纸面石膏板。柔性好，可防火、保温、隔音，规格为 1200mm×2400mm×8.0mm。

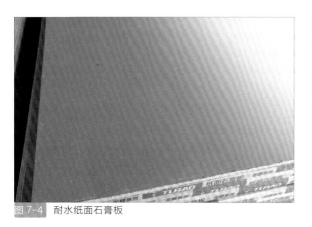

图 7-4 耐水纸面石膏板

图 7-5 吸声用穿孔石膏板

表 7-4　耐火纸面石膏板　　　　　　　　　　单位：mm

名　称	边形	长	宽	厚	应用范围
耐火纸面石膏板	楔形边	3660	1220	9.5	用于各种轻钢龙骨石膏板隔墙、贴面墙、曲面墙等，各种平面吊顶及曲面吊顶
		2000	1200	12、85	
	直角边	2440	900	12.7、90	
		2400	900	15	

表 7-5　耐水纸面石膏板　　　　　　　　　　单位：mm

名称	边形	长	宽	厚	应用范围
耐水纸面石膏板	楔形边	3660	1220	9.5	用于各种轻钢龙骨石膏板隔墙、贴面墙、曲面墙等，各种平面吊顶及曲面吊顶
		2000	1200	12、85	
	直角边	2440	900	12.7、90	
		2400	900	15	

表 7-2　纸面石膏板规格　　　　　　　　　　单位：mm

名　称	尺　寸			应用范围
	长	宽	厚	
吸声用穿孔石膏板	500	500	9	用于各种轻钢龙骨石膏板，各种平面吊顶
	600	600	11	

7.3 艺术石膏类制品

艺术石膏类制品是室内空间环境的重要装饰与装修材料之一，主要有石膏线脚、石膏壁画和石膏砌块等。

装饰石膏线角：装饰石膏线角以石膏为主，加入骨胶、麻丝、纸筋等纤维，石膏强度增强，可用于室内墙体构造，断面形状为一字型或L形的长条形状装饰部件。主要包括角线、平线、弧线等。可带各种花纹，主要安装在天花以及天花板与墙壁的夹角处，其内可经过水管电线等，实用美观，价格低廉，具有防火、防潮、保温、隔音、隔热功能，并能起到豪华的装饰效果。线角的宽度一般为45~300mm，长度为1800~2300mm（如图7-6、7-7）。

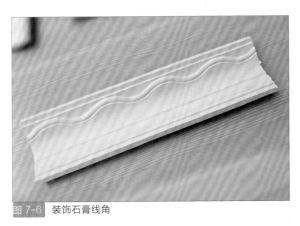

图7-6　装饰石膏线角

图7-7　卧室阳角石膏装饰线

石膏壁画：整幅画面可达到1.8m×4m，造型各异，可整幅也可由小尺寸拼合而成（如图7-8）。

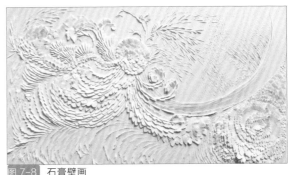

图7-8　石膏壁画

石膏砌块：以建筑石膏为主要原材料，经加水搅拌、浇注成型和干燥制成的轻质建筑石膏制品。分为实心砌块和空心砌块两大类，品种规格多样，主要规格为666mm×500mm×60mm、666mm×500mm×80mm、666mm×500mm×90mm、666mm×500mm×100mm、666mm×500mm×110mm、666mm×500mm×120mm，四边均带企口和榫槽，是一种优良的非承重内隔墙材料，墙体可承受较大载荷（如挂吊柜、热水器、厕所用具等），可用于空气湿度较大的场合（如图7-9、7-10）。

图7-9　石膏砌块

图7-10　石膏砌块隔断

7.4 玻璃纤维加强石膏板(GRG)

玻璃纤维加强石膏板,即在石膏材料中加入了玻璃纤维,使其成为一种新型特殊的复合材料,具有拉伸强度较大、可塑性强、抗冲击强度高等特性。

玻璃纤维加强石膏板是一种东方特殊装饰改良纤维石膏装饰材料,造型的随意性使其成为要求个性化的建筑师的首选,它独特的材料构成方式足以抵御外部环境造成的破损、变形和开裂。它壁薄、质轻、硬度高、韧性高,具有不可燃性(A 级防火材料),且可调节室内环境的湿度,能被制成任意造型,具有无限可塑性,可被定制为单曲面、双曲面、三位覆面等任意艺术造型。可呼吸,自然调节室内湿度的能力。具有极强的声学反射性能,不变形、不开裂,同时优越的防火性能。适用于高档剧院、音乐厅、宾馆、高档办公楼、会议室、报告厅、学校、医院、商场等场所的吊顶、墙面、外饰墙及艺术造型等。配以装饰性涂料,可仿制成各种金属饰面板、木饰面板。除吊顶外可做扇形隔断、厨房隔断、背景墙造型、造型浮雕墙、造型立柱。如比利时奥斯特坎普地区重要的民生、行政和社会服务场所。在大厅的改造中,设计师采用了只有 7 mm 厚的薄壳结构 GRG(石膏和纤维),它像巨大的肥皂泡覆盖并连接起各个空间 (如图 7-11、7-12、7-13、7-14)。

图 7-12　比利时 奥斯特坎普地区社会服务场所

图 7-11　比利时 奥斯特坎普地区社会服务场所

图 7-13　比利时 奥斯特坎普地区社会服务场所

图 7-14　GRG 电视背景墙

软质装饰材料

软质装饰材料应用范畴非常广泛，如人居空间、商业空间、办公空间、餐饮空间等，它是室内空间氛围的有效营造者。软质装饰材料包括地毯、窗帘、壁纸、墙布等。

8.1 软质装饰材料的基本知识

在现代室内装饰中，软质装饰材料的应用十分广泛，包括地毯、窗帘、壁纸、墙布、沙发靠垫等。它们都是整体环境的有机组成部分，以色彩艳丽、图案丰富、质地柔软、富有弹性等优点，可使室内环境更具美感与舒适感。根据装饰位置大致可分为以下种类。

墙面装饰织物：装饰墙布。墙布具有吸声、隔热、改善室内空间感受的作用，常见的有织物壁纸、玻璃纤维印花墙布、无纺墙布等。

地面铺设装饰织物：地毯。具有吸声、吸尘、保温、行走舒适和美化空间等作用。可分手工地毯、机织地毯两大类。

窗帘帷幔：包括卷帘、折帘、垂直帘、百叶帘，有薄型窗纱，中、厚型织布窗帘。家具披覆织物、床上用品、卫生盥洗织物等。

8.2 墙面装饰织物

在展览陈列空间中，比较常见的表达对象就是会展展位的设计与效果图表达。会展展位是一个比较特殊的空间类型，既有功能性的内部空间分区规划，又有与主题相关的外观表达，更像是一个微缩的建筑空间。因此，在进行展览陈列空间的效果图绘制时，既要选择合适的节点绘制出内部的空间关系，又要选择合适的视角与透视关系，使其外观得到更好的展现。

8.2.1 分类

墙面装饰织物可分为织物壁纸、玻璃纤维印花墙布、棉纺装饰墙布、化纤装饰墙布及绸缎、丝绒、呢料装饰墙布等。

8.2.2 织物壁纸

织物壁纸：具有无毒、吸声、透气、调湿、防墙面结露长霉等特质，装饰效果好。壁纸的规格通常有三种：窄幅小卷（宽 530~600mm，长 10~12m，每卷面积 53~72m²）、中幅中卷（宽 760~900mm，长 25~50m，每卷面积 20~45m²）、宽幅大卷（宽 920~1200mm，长 150m，每卷面积 46~90m²）。

纸基织物壁纸：最早的壁纸，含棉、毛、麻、丝等天然纤维，通常宽为 0.90~0.93m，长度有 30m 和 50m 两种规格。主要有木纹图案、大理石图案、压花图案等。这种壁纸性能差，不耐潮，不耐水，不能擦洗（如图 8-1）。

植物纤维壁纸：含扁草、竹丝或麻皮条等织物纤维，厚度为 0.313mm，宽一般为 9.6m，长多为 5.5m、7.32m。采用亚光型光泽，柔和自然，易与家具搭配，花色品种繁多；对人体没有任何化学侵害，透气性能良好，墙面的湿气、潮气都可透过壁纸；长期使用不会有憋气的感觉，是健康家居

的首选。它经久耐用，可用水擦洗，更可以用刷子清洗（如图 8-2）。

金属壁纸：这是在基层上涂布金属膜制成的壁纸，金属壁纸多以铜箔仿金，铝箔仿银，给人以光亮华丽、金碧辉煌之感。适合于气氛热烈的场合。金属箔的厚度一般为 0.006~0.025mm（如图 8-3、8-4）。

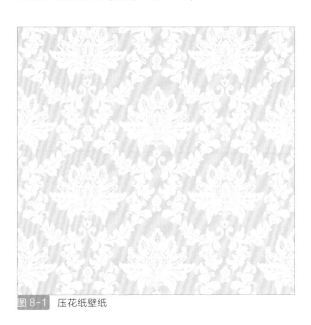

图 8-1　压花纸壁纸

图 8-2　植物纤维壁纸

图 8-3　金属壁纸　　　图 8-4　金属壁纸

8.2.3 墙布

是用天然纤维或合成纤维织成的布为基料，表面涂以树脂，并印有图案色彩而制成，具有图案美观、色彩绚丽、富有弹性、手感舒适、吸声、吸潮、阻燃、耐污易洁、节能低碳、绿色环保、无缝耐用等优点（如图 8-5）。

玻璃纤维印花墙布：以中碱玻璃纤维为基材，集技术、美学和自然属性为一体，高贵典雅，返璞归真，独特的欧洲浅浮雕的艺术风格是其他材料所无法代替的。墙布色彩鲜艳，具有绝缘、耐腐蚀、耐擦洗、防火、防水、耐高温、不发霉、超级抗裂、防开裂虫蛀、绿色环保等性能。适用于室内卫生间、浴室等墙面装饰（如图 8-6）。

图 8-5　墙布

图 8-6　玻璃纤维印花墙布

表 8-1　玻璃纤维印花墙布主要规格

厚 /mm	宽／mm	长／（m/匹）	单位质量（g／m²）
0.17~0.20	480~880	50	190~200
0.17	850~900	50	170~200
0.20	880	50	200
0.71	860~880	50	180

无纺墙布：又称非织造布，含棉、麻等天然纤维和涤纶等化学纤维、图案多样、典雅、透气、质轻、柔软、富有弹性、不产生纤维屑、不易折断老化、不褪色、韧性强、可擦洗不褪色、耐用，有一定的透气性和防潮性。厚 0.12~0.18mm，宽 850~900mm（如图 8-7）。

图 8-7　无纺墙布

表 8-2　无纺墙布的主要品种、规格

产品名称	规　格
涤纶无纺墙布	厚度：0.12~0.18mm 宽度：850~900mm 单位质量：75g／m²
无纺印花涂塑料墙布	厚度：0.8~1.0mm 宽度：920mm，长度：50m／卷 每箱 4 卷，共 200m
麻无纺墙布	厚度：0.12~0.18mm 宽度：850~900mm 单位质量：100g／m²

棉纺装饰墙布：纯棉平布制成，强度大、静电小、无味、无毒、吸声、花形繁多、色彩绚丽，适用于宾馆、饭店、写字楼等公共建筑及民用住宅内墙装饰，可用于水泥砂浆墙面、混凝土墙面、石灰浆墙面及石膏板、胶合板、纤维板、石棉水泥板等墙面的粘贴或浮挂（如图 8-8）。

化纤装饰墙布：以涤纶、腈纶、丙纶等化学纤维为基材，种类繁多，具有无毒、无味、透气、防潮、耐磨、无分层等优点，厚 0.15~0.18mm，宽 820~840mm，每卷长 50m。适用于各级宾馆、旅店、办公室、居室的墙面装饰（如图 8-9）。

绸缎、丝绒、呢料装饰墙布：以绸缎、丝绒、呢料等纤维制成的高级装饰墙布，适用于宾馆等高级公共建筑室内装饰。

图 8-8　棉纺墙布

图 8-9　化纤墙布

表 8-3　化纤装饰墙布的主要品种、规格

产品名称	规　格
化纤装饰墙布	厚度：0.15~0.18mm 宽度：820~840mm，长度：50m／卷
多纶黏涤棉墙布	厚度：0.32mm，长度：50m／卷 单位质量：8.5kg／卷

8.3 地面装饰织物

地面装饰织物采用高级地面装饰材料，花色品种多样，具有隔热保温、吸声、耐磨、弹性、抗静电性、抗老化、耐燃性、耐菌性等特点，营造出典雅、华丽、舒适的室内环境。广泛用于高级宾馆、会议大厅、办公室、会客室和家庭的地面装饰。

8.3.1 按地毯材质分类

纯毛地毯：手感柔和、弹性好、色泽鲜艳且质地厚实、抗静电性能好、不易老化褪色，有较好的吸音能力，可以降低各种噪音。毛纤维热传导性很低，热量不易散失。但它的防虫性、耐菌性和耐潮湿性较差、易腐蚀、价高。按羊毛含量可划分为纯毛地毯（羊毛含量超90%）和羊毛地毯（羊毛含量超80%）（如图8-10）。

图8-10 纯羊毛地毯

混纺地毯：以羊毛纤维和合成纤维（尼龙、锦纶等）为主料，羊毛含量在20%~80%之间。装饰效果类似纯毛地毯，耐磨性是纯毛地毯的5倍，同时克服了化纤地毯静电吸尘的缺点，也克服了纯毛地毯易腐蚀等缺点。具有保温、耐磨、抗虫蛀、强度高等优点。弹性、脚感比化纤地毯好，价格适中，特别适用于经济型装修（如图8-11、8-12）。

图8-11 混纺地毯

图8-12 混纺地毯

化纤地毯：以丙纶、腈纶等为原料，品种极多。外观酷似纯毛地毯，具有耐磨、耐温、质轻、弹性好、脚感舒适、防污、防虫蛀等特点，价格低于其他材质地毯。化纤地毯按面层织物的织造方法不同可分为簇绒地毯、针刺地毯、机织地毯、黏合地毯和静电织物地毯等。

植物纤维地毯：以植物纤维为主要原料，一般包括剑麻地毯、椰棕地毯、水草地毯、竹地毯，其中剑麻地毯最为常见，其原来为纺纱。耐酸碱、耐磨、无静电、质感粗糙、弹性较差。剑麻地毯以剑麻纤维为原料制成，分素色和染色两种，有斜纹、螺纹、鱼骨纹、帆布平纹、半巴拿马纹和多米诺纹等多种花色品种，幅宽4m以下，卷长50m以下，可按需裁切（如图8-13、8-14）。

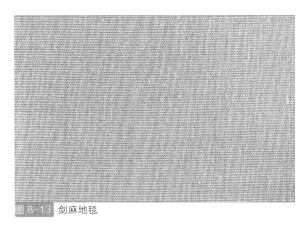
图 8-13 剑麻地毯

图 8-14 剑麻地毯入口门厅铺地

图 8-15 塑料地毯

图 8-16 酒店阳台塑料地毯铺地

图 8-17 塑料地毯

塑料地毯：以聚氯乙烯树脂为主要原料，自熄不燃、不霉烂、不虫蛀、清洗方便。常见规格有 500mm×500mm、400mm×600 mm、1000mm×1000 mm 等多种，多用于宾馆、商场等一般公共建筑和住宅地面的铺装（如图 8-15、8-16、8-17）。

橡胶地毯：以天然或合成橡胶为主料，色彩鲜艳、柔软舒适、弹性好、耐水、防霉、防潮、防滑、耐腐蚀、防虫蛀、绝缘、易清洗。橡胶地毯一般是块状地毯，常见规格是 500mm×500 mm、1000mm×1000 mm，可用于浴室、走廊、体育场等潮湿或经常淋雨的地面铺设，同时也广泛运用于配电室、计算机房等空间（如图 8-18）。

图 8-19 块状地毯

图 8-18 橡胶地毯

8.3.2 按地毯幅面形状分类

块状地毯：有方形、长方形、圆形、椭圆形等，一般规格尺寸有 610mm×610mm~3660mm×6170mm，共计 56 种。方块花式地毯可有花色各不相同的 500mm×500mm 的方块地毯（如图 8-19）。

卷块地毯：按整幅成卷供货。幅宽为 14m，每卷长度一般为 20~50m，适合室内满铺。楼梯和走廊所用地毯为窄幅，幅宽 700mm 或 900mm，整卷长度为 20m（如图 8-20）。

图 8-20 卷块地毯

8.4

软膜结构

软膜结构是一种近年被广泛应用于室内外的装饰材料，主要分为两种类型：负高斯曲面或双曲鞍形面，正高斯曲面或双曲球形面。

软膜结构又叫张力膜结构，是以建筑织物，即膜材料为张拉主体，并与金属支撑构件及拉索共同组成的机构体系，具有造型新颖，良好的受力特点，已成为大跨度空间结构的主要形式之一。具有自重轻、不燃性、透光性、耐久性、不易受污染、张拉强度高的特点，分为两种类型，负高斯曲面或双曲鞍形面，正高斯曲面或双曲球形面。适用于各类体育场馆、展览馆、展览厅、大型采光屋面、候机、候车厅、酒店、办公、娱乐等室内空间（如图 8-21、8-22、8-23）。

图 8-22 软膜结构回廊

图 8-21 软膜

图 8-23 软膜结构回廊

装饰涂料

涂料是一种可借助于刷涂、辊涂、喷涂、抹涂等多种作业方式涂饰于物体表面，经干燥、固化后能够很好地黏结基层并形成坚韧、完整保护膜的物料。涂覆在被保护或被装饰的物体表面，能对建筑物起到装饰和保护等作用，称为建筑涂料。涂料与其他装饰材料相比具有质轻、色彩鲜明、附着力强、施工简便、省工省料、维修方便、质感丰富、耐水、耐污、耐老化等特点。

9.1
涂料的分类

涂料可从成膜物质、建筑物使用部位、涂料状态、特殊功能、装饰质感等方面分类，具有保护功能、特种功能等功能。

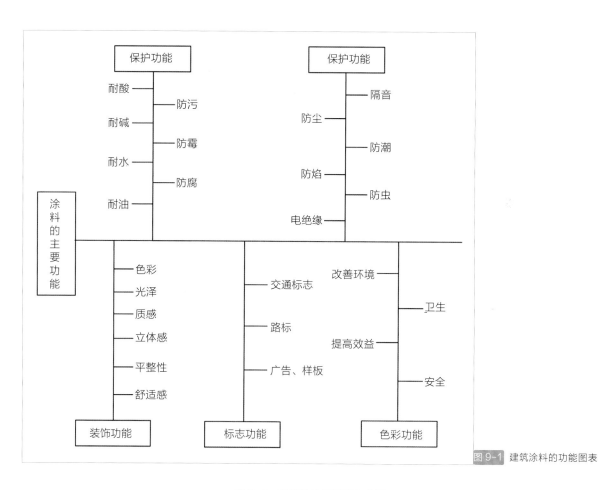

图 9-1　建筑涂料的功能图表

表 9-1　常用的涂料品种和分类

序号	分类	涂料类型
1	按主要成膜物质分	有机涂料、无机涂料、复合涂料
2	按建筑物使用部位分	外墙涂料、内墙涂料、地面涂料、顶棚涂料、屋面涂料
3	按涂料状态分	溶剂型涂料、水溶性涂料、乳液型涂料、粉末涂料
4	按特殊功能分	防火涂料、防水涂料、防霉涂料、防虫涂料
5	按装饰质感分	薄质涂料、厚质涂料、复层涂料

9.2 墙顶面装饰涂料

内墙涂料是指用于建筑物内墙做装饰和保护的涂料。顶棚建筑涂料是用于室内天花装饰的涂料。一般情况下，内墙涂料都可以同时兼做顶棚涂料使用。内墙涂料要求美观、色彩丰富、细腻、调和、耐擦洗，有一定的耐水、耐碱、耐久性，以及较好的透气性等。而顶棚材料除此之外，最好还具有一定的吸声效果。

9.2.1 内墙涂料

内墙涂料：是指粉刷在室内墙壁上的漆料。内墙漆包括水溶性漆、乳胶漆、多彩漆、仿瓷漆和艺术漆。具有色彩丰富、漆膜细腻、遮盖力好、耐碱性、耐水性、耐擦洗性好、透气性好等功能。可分为底漆、面漆两层。

底漆：可增加油漆的附着力（如图9-2）。面漆：面漆是涂装体系中的最后涂层，具有装饰、保护、抵抗恶劣环境等功能（如图9-3）。

9.2.2 内墙漆种类

水溶性内墙涂料：光泽度好，硬度适中，良好的耐水性、耐候性，可用于水泥、石材、木材及金属表面涂装。主要分为聚乙烯醇玻璃内墙漆（"106"漆）和聚乙烯醇缩甲醛内墙漆（"803"漆）。

合成树脂乳液内墙涂料（乳胶漆）：以水为稀释剂、以合成树脂乳液为成膜材料制成的内墙涂料。施工方便、透气性好、颜色种类丰富薄质内墙漆，多种光泽（高光、亚光、无光、丝光等），适用于混凝土、水泥砂浆、灰泥类墙面等，不宜用于容易受潮的墙面，如厨房、卫生间、浴室等（如图9-4）。

图 9-2 内墙底漆

图 9-3 内墙面漆

图 9-4 内墙乳胶漆墙面

多彩涂料：又称多彩花纹涂料，是一种常用的墙面、顶棚装饰材料。按其介质的不同，可分水包油型（O/W型）、水包水型（W/W型）、油包油型（O/O型）和油包水型（W/O型）四种。涂层色泽丰富、立体感好、装饰效果好。涂膜耐久性较佳，涂膜质地较厚，具有良好的弹性，有类似壁纸的效果。耐油、耐水、耐腐、耐洗刷、透气性好。适用于混凝土、砂浆、石膏板、木材、钢材、铝等多种基面的装饰。

涂层由底层、中层、面层涂料复合而成。底层涂料（溶剂型油漆涂料）主要起封闭潮气的作用，一般可采用刷涂、辊涂或喷涂等多种方法操作。操作时需等待2小时后再刷中层涂料覆盖。中层涂料（水乳型涂料）与底层操作方法相同，需涂刷一两遍，间隔4小时。面层涂料（水乳型多彩涂料）需专用喷枪喷涂，施工气温需在10℃左右。

仿瓷涂料：又称瓷釉涂料，是一种通过薄抹和压光施工后装饰效果酷似瓷釉饰面的建筑涂料。漆膜光滑、平整、细腻、坚硬，装饰效果很像瓷釉饰面，色彩丰富，附着力强，施工繁杂，耐擦洗性差，适用于涂饰室内墙面、木材、金属、家具及木装修表面等，在厨房、卫生间可代替瓷砖（如图9-5）。

图9-5 盥洗室仿瓷涂料墙面

溶剂型树脂类仿瓷涂料：有瓷白色、淡蓝色、奶黄色、淡绿色、金属、粉红等多种颜色，耐水性、耐污染性、耐碱性、耐磨性、耐老化性，附着力很好。

水溶型树脂类仿瓷涂料：以白色为主，漆抹较厚、性能较差、寿命短、施工麻烦，适用于内墙、走廊、楼梯间等部位。

艺术涂料：是一种图案性强，可直接涂在墙面上自然产生粗糙或细腻立体艺术形式的漆种。可替代布艺、墙纸、木材、石材。可分马来漆、真石漆、金属箔质感漆、质感涂料、彩石漆、艺术帛、平面艺术漆、特殊漆等（如图9-6）。

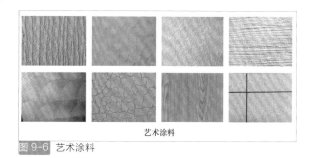
图9-6 艺术涂料

马来涂料：流行于欧美、日本的一种新型墙面艺术漆。漆面光洁有石质效果。通过各类批刮工具在墙面上批刮操作，产生各类纹理的一种涂料。可分单色马来漆、混马来漆色、金银线马来漆、金银马来漆、幻影马来漆等。

真石涂料：一种装饰效果酷似大理石、花岗岩的涂料。主要采用各种颜色的天然石粉配制而成，应用于建筑外墙，因此又称液态石。采用真石漆装修后的建筑物，具有天然真实的自然色泽，给人以高雅、和谐、庄重的美感，适合于各类建筑物的室内外装修。特别是在曲面建筑物上装饰，生动逼真，有一种回归自然的效果。真石漆具有防火、防水、耐酸碱、耐污染、无毒、无味、黏结力强，永不褪色等特点，能有效地阻止外界恶劣环境对建筑物侵蚀，延长建筑物的寿命。真石漆具备良好的附着力和耐冻融性能，因此适合在寒冷地区使用，多以喷涂为主。

质感涂料：以其变化无穷的立体化纹理、多选择的个性搭配，展现独特的空间视角，丰富而生动，令人耳目一新。并且以个性创作来满足整体装饰风格，使得质感涂料在装潢中展现出自己的独特风格！这种新型艺术涂料，把墙身涂料的平滑型时代带进了天然环保型凹凸涂料的全新时代。可以替代墙纸，而且更加环保、经济、个性化。质感涂料无辐射，自重轻，效果逼真，通过不同的施工工艺、手法和技巧，利用不同质感工具造型，可产生立体纹理，有颗粒质感漆、标准质感（树皮拉纹、树叶纹理、蟹爪纹理）漆、刮砂漆、质感肌理（滚筒压花）漆、砂壁艺术（含米兰石）漆。创造无穷特殊装饰效果。这就是市场上正在流行的新型装饰新材料——质感涂料。包括拉毛漆、立体浮雕漆、金属浮雕漆、珠光肌理漆、梳刷痕纹理漆、薄浆艺术肌理漆、厚浆墙体艺术漆等。

金属箔质感涂料：油脂中添加珠光颜料，创造出金箔漆、艺术金箔漆、银箔漆、彩绘铜箔漆等（如图9-7）。

艺术帛：是用帛、宣箔、肌理壁纸等造型材料在墙面上进行造型处理。包括素色宣箔、双色艺术帛、艺术锦帛、轩帛漆、钻石漆（水性）等。

平面艺术漆：用专用喷枪在墙面或其他各种板材表面喷涂出一种艺术效果。包括新梦幻粉彩漆、珍珠彩喷漆、欧式复古漆、梳刷横纹理漆、印花纹理漆、拍花纹漆、木纹漆（水纹漆）、乱丝漆（云丝漆、彩丝漆）和彩云漆等。

裂纹漆：是由硝化棉、颜料、体质颜料、有机溶剂、辅助剂等研磨调制而成的可形成各种颜色的硝基裂纹漆。也正是如此，裂纹漆也具有硝基漆的一些基本特性，属挥发性自干油漆，无须加固化剂，干燥速度快。因此裂纹漆必须在同一特性的一层或多层硝基漆表面才能完全融合并展现裂纹漆的另一裂纹特性。由于裂纹漆粉性含量高，溶剂的挥发性大，因而它的收缩性大，柔韧性小，喷涂后内部应力产生较高的拉扯强度，形成均匀的裂纹图案，增强涂层表面的美观度，提高装饰性。裂纹漆一般以喷涂施工效果最佳，裂纹纹理圆润自然、均匀立体。

贝母漆：是由树脂、贝母粉、体质颜料和染料、有机溶剂和各种助剂研磨调制而成的可形成各种颜色的贝母漆。表面光滑，手感细腻，同时具贝母的虹彩立体感：如繁花，如海浪，层层叠叠；具珍珠的美丽光泽，有牡丹般的富贵典雅；又仿佛一个个的贝壳在阳光下闪光，生动有趣。

图9-7 金属箔质感涂料装饰顶棚

9.3

外墙涂料

外墙涂料应具备稳定的品质，并能较好地抵御自然因素的侵害。主要可分为水溶性漆和乳胶漆。外墙乳胶漆的基本性能与内墙乳胶漆差不多，但漆膜较硬，抗水能力更强。外墙乳胶漆一般适用于外墙，也可以适用于洗手间等高潮湿的地方。

外墙涂料的种类很多，可以分为合成树脂乳液外墙漆、合成树脂乳液砂壁外墙漆、溶剂型外墙装饰漆、复合外墙漆、无机外墙漆、弹性建筑外墙漆等，广泛应用于建筑外立面，所以最重要的一项指标就是抗紫外线照射，要求做到长时间照射不变色。外墙涂料还要求有抗水性能，要求有自洁性。

漆膜要硬而平整，脏污一冲就掉。外墙涂料能用于内墙涂刷是因为它也具有抗水性能，而内墙涂料却不具备抗晒功能，所以不能把内墙涂料当外墙涂料用。

9.3.1 性能要求

外墙涂料应具有优良的耐水性、耐碱性、耐污性、耐候性、耐霉变性和防风化性，能有效防止漆膜粉化、开裂、脱落，能抑制潮湿环境下霉菌和藻类生长，同时具有良好的耐光性、保色性。

9.3.2 种类

合成树脂乳液外墙涂料：又称外墙乳胶漆，可调色性好，漆膜透气性好，具有良好的耐水抗水性，耐沾污性，耐候性、耐光性、保色性、耐碱性、仿风化性，具有抗紫外线照射性。一般采用一遍底涂，二遍面涂施工的方法。根据工程质量要求可以适当增加面涂遍数。可以采用辊涂、刷涂、有气喷涂和无气喷涂。施工温度不低于 10℃，墙面含水率在 10% 以下（如图 9-8）。

图 9-8　外墙乳胶漆

合成树脂乳液砂壁外墙涂料：又称仿石漆，是一种装饰效果，酷似大理石、花岗石效果的厚质外墙装饰涂料。主要采用各种颜色的天然石粉配制而成，多用于制造建筑外墙的仿石效果，因此又称液态石。仿石漆装修后的建筑物，具有天然真实的自然色泽，给人以高雅、和谐、庄重之美感。同时还具有防火、防水、耐酸碱、耐污染、无毒、无味、黏结力强、永不褪色等特点，能有效地阻止外界恶劣环境对建筑物侵蚀，延长建筑物的寿命。由于仿石漆具备良好的附着力和耐冻融性能，因此特别适合在寒冷地区使用。仿石漆有施工简便，易干省时，施工方便等优点。适合于各类建筑物的室内外装修。特别是在曲面建筑物上装饰，可以得到生动逼真，回归自然的效果。施工要求：基层平整干净，含水率在 10% 以下，避免在阳光暴晒或大风的环境下施工，同时应确保完工后 48 小时内不受雨淋。

溶剂型外墙装饰涂料：施工现场要禁止烟火、注意通风，此种涂料墙面渗透性好、润湿性好、附着力强，可在低温条件下施工。目前常用的溶剂型外墙漆主要是聚氨酯丙烯酸外墙漆、丙烯酸酯有机硅外墙漆和氟碳外墙漆等。

复层外墙涂料：也称凹凸花纹涂料或浮雕喷塑涂料，以往强调复层涂料施工时，颗粒要大，凹凸感要强，但由于环境污染较大等原因，现在往往流行颗粒小而均匀，稍有凹凸感的外墙涂料，也称橘皮状外墙涂料。以水泥、硅溶胶、合成树脂乳液等黏结胶和骨料为主要原材，以刷涂、喷涂等施工方法涂覆 2~3 层，能形成凹凸状花纹或平状面层。复层墙外墙涂料施工时对底层平整度要求不高。

无机外墙涂料：以碱金硅酸盐或硅溶胶为主要成膜材料，无毒、不易燃，属一种中档漆，以喷涂或辊涂为主要施工方法。

弹性建筑外墙涂料：以合成树脂乳液为基料，与颜料、填料及助剂配制而成，涂一定厚度（膜厚度至少是传统外墙涂料的五六倍）后，具有弥盖因基材伸缩（运动）产生细小裂纹的有弹性的功能性涂料。弹性建筑涂料是一种用于保护和保持混凝土外墙外观的厚层柔性涂料。混凝土外墙会随着环境温度的变化而膨胀和收缩，弹性建筑涂料也会随着墙体的这种膨胀和收缩而拉伸和收缩，从而遮盖已有裂缝。

9.4 地面装饰涂料

地面装饰涂料与陶瓷地砖、木地板和水磨石等相比，具有自重轻、施工简便、工期短、工效高、成本低及便于维护、更新方便等优点，但使用年限相对较短。其主要功能是装饰与保护地面，使地面清洁美观，与室内墙面及其他装饰相适应。

9.4.1 特点

地面装饰涂料能使地面无缝、整体性强，易于清洁、漆膜较厚且有弹性，耐磨性、抗冲击性能好、经久耐用，耐化学腐蚀性能好且化学物品不渗漏，易彻底清除，无毒、安全性好，施工方便、容易维护保养，表面平整光洁、色彩丰富、价格合理。

9.4.2 种类

乙烯类地面涂料：以 107 胶等作为黏结剂，与水泥掺和形成装饰效果好、强度高、柔韧性好，有良好的耐水性、耐磨性、耐腐蚀性，易挥发、易燃的有机溶剂。

环氧树脂类涂料：具有抗冲击性、耐化学腐蚀性、耐霉菌性、耐磨性、耐久性。漆膜平整光滑、伸展性好，还是一种优良的绝缘材料，适用于生产车间、办公室、厂房、仓库、停车场等场合（如图 9-9、9-10）。

聚氨酯地面涂料：有薄质面漆和厚质弹性地面漆，弹性高、柔韧性好，行走舒适。漆膜光洁平滑，容易清理，耐潮湿性差，适用于车间、停车场、体育场（网球场、标准跑道）等要求弹性防滑地面的场所（如图 9-11）。

图 9-9 厂房环氧树脂地坪

图 9-10 地下停车场环氧地坪

图 9-11 聚氨酯地面涂料

丙烯酸地面涂料：是地面、钢结构、木材或金属制品的理想装饰和保护用面漆，涂饰后可形成无缝漆面。采用滚涂法或喷涂法均可，适用于制药厂、食品厂、服装厂、化工和室外运动场地面（如图 9-12）。

图 9-12 网球场 丙烯酸地面涂料

9.5

特种涂料

防水漆：是指涂料形成的涂膜，能够防止雨水或地下水渗漏的一种涂料。大量用于屋面、阳台、厕所、浴室、游泳池等，如屋面防水漆、地面工程防水漆、地下工程防水漆等。可按涂料状态和形式分为乳液型、溶剂型、反应型和改性沥青（如图9-13）。

图 9-14　钢结构防火漆

防霉漆：通过在油漆中添加抑菌剂而起到抑制霉菌繁殖和生长的功能性建筑漆。常处于温湿环境下的建筑外墙面及恒温、恒湿的室内墙面、地面、顶棚，如食品加工厂、酿造厂、制药厂等厂房及库房内。包含建筑物防霉漆、食品加工车间内墙仿霉漆等（如图9-15）。

图 9-13　防水漆

防火漆：防火漆是由成膜剂、阻燃剂、发泡剂等多种材料制造而成的一种阻燃涂料。适用于宾馆、娱乐场所、公共场所、医院、办公大楼、机房、大型厂房等建筑的钢结构、混凝土、木材饰面、电缆，可起到防火阻燃的作用，如饰面防火漆、木结构防火漆、钢结构防火漆等（如图9-14）。

图 9-15　防霉漆

防静电漆：能有效解决墙面、地面及其他表面的静电问题。适用于机房、精密仪器、通信设备等需要防静电场所的墙面和地面。它具有防静电、防尘、防霉、耐磨、耐酸碱等特点，涂层表面处理简单、无霉、流平性好、容易清洗（如图9-16）。

耐高温漆：适用于钢铁冶炼、石油化工等高温生产车间及高温热风炉内外壁等需要抗高温保护部位，如暖气片表层漆膜。

防锈漆：可保护金属表面免受大气、海水等腐蚀，具有斥水性，适用于潮湿地区的金属制品表面涂装（如图9-17）。

其他还有：耐油漆，如工业厂房地面耐油漆；杀虫漆，如防蚊漆、防白蚁漆、杀菌漆等；隔热漆，如屋面热反射漆、保温漆等；隔音漆，如吸声漆等；耐高温漆；发光漆；防震漆；防结露漆；防辐射漆；等等。

图 9-17　防锈漆

图 9-16　防静电地坪

9.6

硅藻泥

硅藻泥是一种新型的可替代壁纸和乳胶漆的内墙装饰壁材，应用范围广泛，具有消除甲醛、净化空气、调节湿度等优点。

硅藻泥（Diatom mud）是一种以硅藻土为主要原材料的内墙环保装饰壁材。其具有消除甲醛、净化空气、调节湿度、释放负氧离子、防火阻燃、墙面自洁、杀菌除臭等功能。硅藻泥健康环保，不仅有很好的装饰性，还具有功能性，是替代壁纸和乳胶漆的新一代室内装饰材料。硅藻泥适用范围很广泛。可以适用在以下地方：家庭（客厅、卧室、书房、婴儿房、天花等墙面）、公寓、幼儿园、老人院、医院、疗养院、会所、主题俱乐部、高档饭店、度假酒店、写字楼、风格餐厅等（如图 9-18、9-19）。

图 9-18　硅藻泥墙面

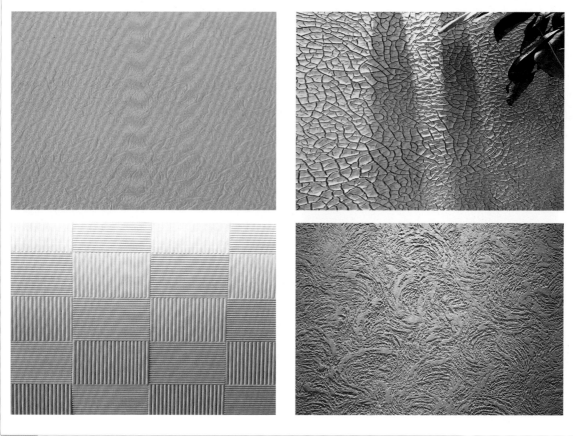

图 9-19　硅藻泥

9.7 液体壁纸

液体壁纸是一种集壁纸和乳胶漆特点于一身的新型环保艺术水性涂料,可使墙面产生各种质感纹理和明暗过渡的艺术效果。包括单色液体壁纸、双色液体壁纸、多色液体壁纸、幻彩液体壁纸等。

液体壁纸是一种新型艺术涂料,也称壁纸漆和墙艺涂料,是集壁纸和乳胶漆特点于一身的环保水性涂料。通过各类特殊工具和技法配合不同的上色工艺,使墙面产生各种质感纹理和明暗过渡的艺术效果。通过专用模具上的图案把面漆印制在干燥、厚的墙面上从而具有壁纸的装饰效果,液体壁纸采用高分子聚合物与进口珠光颜料及多种配套助剂精制而成,光泽度好、无毒无味、绿色环保、有极强的耐水性和耐酸碱性、不褪色、不起皮、不开裂、不易生虫、不易老化,可使用十五年以上,但造价高、施工周期较长。包括单色液体壁纸、双色液体壁纸、多色液体壁纸和幻彩液体壁纸等(如图9-20、9-21)。

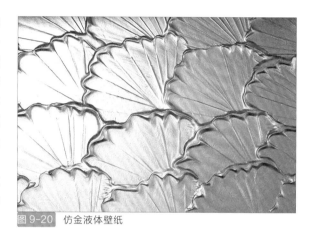
图 9-20　仿金液体壁纸

图 9-21　液体壁纸墙面

10

装饰构造与
施工工艺

建筑装饰装修构造是建筑装饰设计的重要组成部分，它使装饰材料通过一定结构工艺与建筑界面相连接，使其安全稳定地依附在建筑表面上，具有使用功能与审美功能，不同的材料由于本身的特性区别，会有不同的施工要求和安装办法。同时相同的材料也会因不同造型，产生不同的结构做法。另外随着装饰材料的推陈出新，新工艺、新做法不断涌现，也大大提高了装修的速度和质量。为此，了解一定的装饰装修构造知识，有助于我们对建筑装修设计进行深化。

装饰构造做法概述

装饰构造是实施装饰工程的具体方法，装饰构造设计是装饰设计的重要内容。提高专业设计与施工技术水平，学习和掌握建筑装饰工程的构造原理与方法，对保证装饰工程质量非常重要。

满足建筑物室内外空间装饰装修的相应功能要求。

满足建筑物室内外空间的精神功能要求，营造意境，创造氛围。

确保建筑物的主体结构及建筑构件坚固耐久、安全可靠。

装饰装修材料的选择应合理。

建筑装饰装修工程的施工应方便可行。

满足建筑装饰装修工程经济合理的要求。

表 10-1 建筑装饰等级

建筑装饰等级	建 筑 物 类 型
一	高级宾馆、别墅、纪念性建筑、大型博览、交通、体育建筑、一级行政机关办公楼、市级商场
二	科研建筑、高教建筑、普通博览、交通、体育建筑、广播通信建筑、医疗建筑、商业建筑、旅馆建筑、一般行政办公楼
三	学校建筑、生活服务型建筑，普通居住建筑

顶棚构造做法

在装饰工程中，顶棚是室内三大界面之一，是屋顶下或楼板层外表层的装饰构件，通常也称为吊顶或天花板。顶棚的装修除了应满足人们对空间的使用需求（通风、照明、保温、隔热、吸声等）外，还应迎合整个室内氛围，同时能使使用者心理、生理和精神方面得到满足。吊顶的设计需耐久、安全、安装简便、操作简单。

吊顶的分类：

按外观可分为平整式、井格式、悬浮式、分层式、折板式、藻井式等。

按荷载能力可分为上人顶棚和不上人顶棚。

按构造做法可分为直接式顶棚和悬吊式顶棚。

10.2.1 直接式顶棚构造

直接式顶棚是指将装饰材料直接固定在建筑物楼板、屋面板底部。在楼板下或屋面内采用直接抹灰、喷浆、粘贴装饰材料，或固定格栅后再抹灰、喷浆、粘贴砖石材料等。直接式顶棚构造简单，构造层厚度小，对室内高度影响不大，可充分利用空间，造价低，使用功能较为简单。适用于室内层高不高的建筑空间，如普通的人居空间、教学空间、普通的办公空间和超市等（如图 10-1、10-2）。

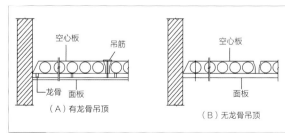

图 10-1　直接式顶棚构造示意图

图 10-2　直接式顶棚

①直接式抹灰顶棚

直接式抹灰顶棚是在楼板下和屋面的内表面刷一遍纯水泥砂浆（适量加入108胶），然后用1：1：6(或1：1：4)的水泥砂浆打底找平，表面再喷涂或辊涂各种内墙涂料、乳胶漆或裱糊各类壁纸、墙布等的做法（如图10-3）。

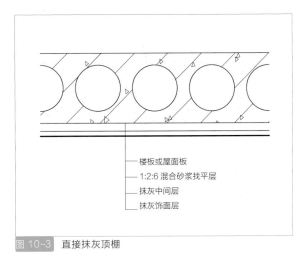

- 楼板或屋面板
- 1:2:6 混合砂浆找平层
- 抹灰中间层
- 抹灰饰面层

图 10-3　直接抹灰顶棚

②直接粘贴式顶棚

在楼板下或屋面内表的底面平整，可以将隔栅直接固定（此类顶棚与悬吊式顶棚的主要区别是不使用吊筋）。格栅一般采用断面为 30mm×（40~50）mm 左右的方木，间距 500~600mm 双向布置。格栅龙骨表面再铺钉胶合板、PVC 板、石膏板等各种板材进行饰面处理，也可在各种板材表面再次进行饰面处理，如喷刷乳胶漆、裱糊各类壁纸等，注意木格栅要提前做防腐、防火处理（如图10-4）。

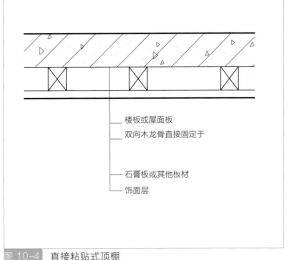

- 楼板或屋面板
- 双向木龙骨直接固定于
- 石膏板或其他板材
- 饰面层

图 10-4　直接粘贴式顶棚

10.2.2 结构顶棚

结构顶棚式充分利用建筑物原有的顶部结构构件，不再另做顶棚，这种形式大大节省了空间，采光效果较好，是现代钢结构建筑、大跨度公共建筑均采用的表现形式。这类顶棚极大地丰富了顶棚的艺术表现力，可表现出线条的力量与韵律之美。结构顶棚形式有网架结构、拱结构、悬索结构、井格式梁板结构等（如图 10-5、10-6）。

图 10-5　结构顶棚

图 10-6　结构顶棚

10.2.3 悬吊式顶棚装饰构造

悬吊式顶棚也简称吊顶，比直接式顶棚要复杂，施工工艺水平要求更高。按荷载能力大小分为不上人吊顶和上人吊顶两种。顶棚的表层与顶层结构层之间有一定的空间距离，这样就可以将建筑设备及管线放进去，进行隐蔽处理，所以也叫遮蔽式顶棚。悬吊式顶棚高度可以灵活调节，我们也可以利用这一特点，设计丰富的顶棚空间层次和形式，使顶棚形式感更强，更美观。但此类顶棚适宜有一定层高的室内空间，对于室内层高较低的空间仍建议采用直接式做法。

悬吊式顶棚主要由悬吊系统（吊筋、吊点、吊挂连接件等）、龙骨系统（主龙骨、次龙骨、横撑龙骨）和饰面层三部分组成。

（1）吊筋、龙骨的分类及作用

吊筋：不仅要承受顶棚的荷载，同时要将其传递给建筑的承重结构。吊筋可以根据造型设计上下调节长度。吊筋的材料有上人吊筋（型钢、钢筋）、不上人吊筋（方木、镀锌铁丝）。

龙骨：龙骨是整个顶棚的结构，分主龙骨、次龙骨、横

撑龙骨等。龙骨是顶棚的结构骨架系统，主要起到均匀受力，支撑顶棚和饰面层重量的作用，并通过吊筋把荷载传递到上部承重结构中。包括木龙骨、金属龙骨、轻钢龙骨、铝合金龙骨等。

木龙骨主要采用方木，且要经过防腐、防火处理，适合家庭或小面积顶棚装饰工程，此类顶棚施工速度快，造价较低，同时适合层高较低的建筑空间，是目前较为常见的一种龙骨结构。木龙骨的主龙骨截面一般为 50~70mm 方木，中矩 900~1200mm，用 30~40mm 木吊筋和楼板固定，也可以用 6 螺栓吊筋或 8 螺栓吊筋与楼板固定。次龙骨截面为 40×40mm 方木，间距应以板材规格而定，通常为 400~500mm。吊点一般按每平方米一个，在顶棚均匀布置，如有迭级造型需在分层处设置吊点，间距在 1 米左右；如有大型灯具也应单独设置吊点。饰面层一般通过钉接的方式与龙骨相连接。吊顶面层接缝一般以对缝、凹缝或盖缝的形式（如图 10-7）。

金属龙骨在当今顶棚装修工程中的使用较为普遍，金属龙骨一般采用规模工业化生产，材料之间的兼容性很好，拆装便捷。工期短、无污染、安全性高于木吊顶，缺点是顶棚造型设计上不如木龙骨。其中轻钢龙骨、铝合金龙骨材质本身质轻、刚度大。

轻钢龙骨断面形状有 U 型、I 型、L 型和 T 型。其厚度为 0.5~1.5mm。吊顶主龙骨间距一般为 1200mm，次龙骨和横撑龙骨的间距应与饰面板材的规格相适应。一般为 500~600mm。吊杆一般采用直径不小于 6mm 的圆钢，吊杆与结构层预埋件的连接有焊接、勾挂、捆扎等方式。吊顶吊点的间距一般为 900~1200mm，吊点分布应均匀。具有强度大、通用性强、安装方便、防火等特点，可用水泥压力板、矿棉板、纸面石膏板、胶合板等材料与之配套使用。吊顶龙骨代号为 D，隔断龙骨代号为 Q（如图 10-8、10-9）。

图 10-7　木龙骨

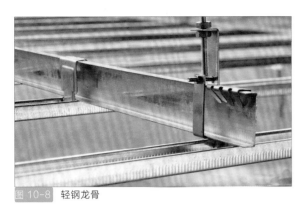

图 10-8　轻钢龙骨

图 10-9　轻钢龙骨主龙骨

铝合金龙骨断面形状有 L 形和 T 形。作为横撑龙骨多用于室内隔断墙，它以龙骨为骨架两面，覆以石膏板或石棉水泥板、塑料板、纤维板等为墙面，表面以塑料壁纸、贴墙布或内墙涂料等进行装饰。吊顶龙骨可与板材组成 450mm×450mm，500mm×500mm，600mm×600mm 的方格。

表 10-2　木龙骨施工工艺

项 次	工序名称	纸面石膏板	胶合板面层
1	基层处理	+	+
2	沿墙面（+50cm 线、吊顶棚水平线）、楼板底面放线、定位	+	+
3	固定连接木，安装主木龙骨 40mm×60mm，起拱 5‰左右	+	+
4	安装次龙骨 30mm×40mm（或木网格 30mm×40~500mm）	+	+
5	安装斜掌 30mm×40mm	+	+
6	主、次龙骨抄平，起拱 5‰左右	+	+
7	龙骨骨架中穿管走线（穿 PVC 线管，走电线）	+	+
8	木龙骨涂刷防火涂料 两遍	+	+
9	安装 9mm 厚纸面石膏板，自攻丝钉 160mm，板缝 6mm	+	+
10	安装五夹板饰面层	+	+
11	切割 灯口、上人口、通风口	+	+
12	弹性腻子膏嵌缝，白乳胶粘贴 50mm 宽白布条贴缝	+	+
13	自攻丝钉眼点两遍防锈漆	+	
14	满刮腻子两遍，砂纸打磨	+	+
15	滚刷乳胶漆（裱糊顶纸）	+	+
16	安装灯具、烟感器、通风百叶、上人口等	+	+
17	清理成活	+	+

（2）悬吊式顶棚施工工艺构造

注：木龙骨和三夹板内侧面涂刷防火涂料两遍（如图 10-10、10-11）。

图 10-10 轻钢龙骨主龙骨

图 10-11 木龙骨造型实例

表 10-3 轻钢龙骨施工工艺

项 次	工序名称	纸面石膏板
1	基层处理	＋
2	沿墙面和楼板底面放线、定位	＋
3	电锤打孔，安装膨胀螺栓（带内套丝口）	＋
4	安装 8 镀锌套丝吊筋 1000mm（上人吊顶吊筋 > 14）	＋
5	吊挂主龙骨 800~1200mm，起拱 5‰ 1%，抄平	＋
6	安装次龙骨 400~600mm，抄平	＋
7	龙骨骨架中穿管走线（电线），其他设备均已安装完毕	＋
8	安装纸面石膏板 1200mm×3000mm×9mm，自攻丝钉距 160mm，板缝 6mm	＋
9	纸面石膏板上切割灯口、上人口、通风口	＋
10	弹性腻子膏嵌缝	＋
11	白乳胶粘贴 50mm 宽白布条贴缝	＋
12	自攻丝钉眼点两遍防锈漆	＋
13	满刮腻子两遍，砂纸打磨	＋
14	滚刷乳胶漆（裱糊顶纸）	＋
15	安装灯具、烟感器、通风百叶、上人口等	＋
16	清理成活	＋

注：表中"＋"号表示应该进行工序

10- 装饰构造与施工工艺

111

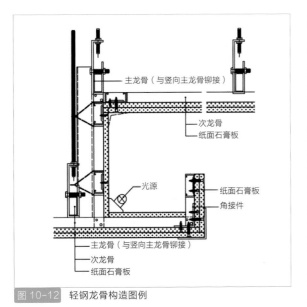

图 10-12 轻钢龙骨构造图例

主龙骨（与竖向主龙骨铆接）
次龙骨
纸面石膏板
光源
纸面石膏板
角接件
主龙骨（与竖向主龙骨铆接）
次龙骨
纸面石膏板

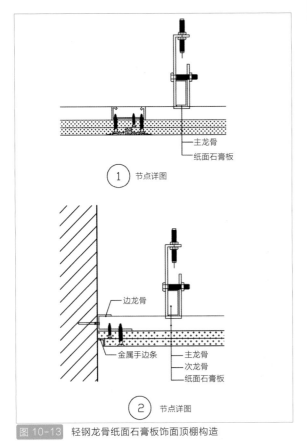

主龙骨
纸面石膏板

① 节点详图

边龙骨
金属手边条　主龙骨
次龙骨
纸面石膏板

② 节点详图

图 10-13 轻钢龙骨纸面石膏板饰面顶棚构造

纸面石膏板
横撑龙骨
吊点
次龙骨
主龙骨

纸面石膏板顶面图

次龙骨
边龙骨　纸面石膏板

③ 节点详图

图 10-14 轻钢龙骨纸面石膏板饰面顶棚构造（续）

图 10-15 轻钢龙骨顶棚造型实例

10.2.4 开敞式顶棚

又称搁栅顶棚，简洁大方、实用性强、造价低廉，拆装方便。顶棚表面既遮且透，上部空间的设备、管线和结构清晰可见，具有独特效果。常用做法是上部结构、设备和管线涂刷一层灰暗的颜色，敞口部分设置灯光向下照射（如图10-15）。

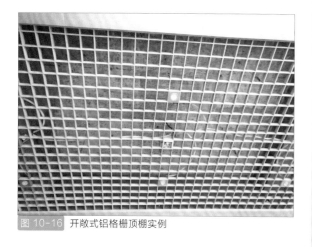

图 10-16 开敞式铝格栅顶棚实例

开敞式顶棚单体构件常用金属、塑料、木质等，形式有方形框格、菱形框格、叶片状、隔栅状等（如图10-17、10-20）。

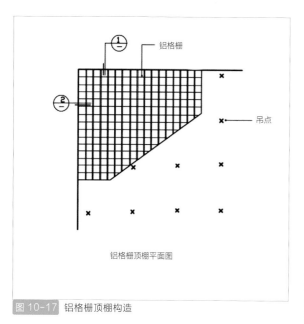

图 10-17 铝格栅顶棚构造

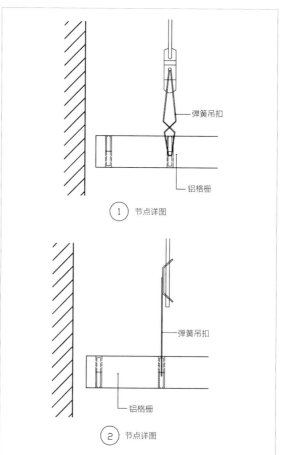

图 10-18 铝格栅顶棚构造（续）

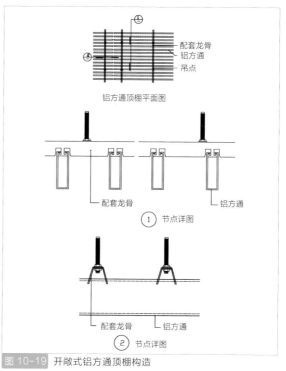

图 10-19 开敞式铝方通顶棚构造

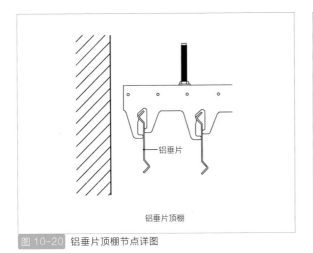

图 10-20 铝垂片顶棚节点详图

安装方式有两种：

直接固定法，即对本身有一定刚度的单体构件或组合体，将构件直接用吊杆吊挂在结构层上；

间接固定法，即对本身刚度不够，或吊点太多，费工费时的构件，将单体构件固定在可靠的骨架上，再用吊杆将骨架吊挂在结构层上。

10.2.5 透光材料顶棚

透光材料顶棚的特点是整体透亮，顶棚饰面板采用有机灯光片、彩绘玻璃等透光材料，光线均匀，减少压抑感。彩绘玻璃图案丰富、装饰效果好。

透光材料顶棚饰面材料固定采用搁置、承托、螺钉、粘贴等方式与龙骨连接。采用粘贴方式时应设进入孔和检修走道。顶棚骨架必须设置两层，分别支承灯座和面板，上下层之间用吊杆连接。将上层骨架用吊杆与主体结构连接，构造做法同悬吊式顶棚（如图 10-21、10-22）。

图 10-21 透光顶棚

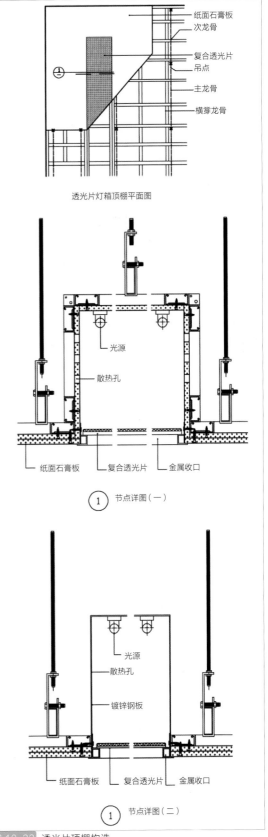

透光片灯箱顶棚平面图

① 节点详图（一）

① 节点详图（二）

图 10-22 透光片顶棚构造

10.3
地面构造
做法

地面装饰构造主要是指地面和楼面的面层装饰构造设计。地面需要承受室内空间的各种荷载（人、家具、设备等等）。地面装饰构造主要可保护楼板、满足正常使用需求、满足坚固耐久性要求、满足装饰要求等。地面装饰材料种类很多，目前有陶瓷、石材、木地板、地毯等，各种材料有其各自的特点，不同饰面材料由于材质的不同，在施工工艺上的方法不同。

地面装饰的分类：

按面层材料可分为水泥砂浆地面、地砖地面、木地面、大理石地面、地毯地面等。

按构造和施工工艺可分为整体式地面（如水泥砂浆地面、水磨石地面、自流平地面）、块材式地面（如瓷砖地面、大理石地面）、卷材式地面（如地毯、塑料地毡等）。

地面装饰的构成一般是由基层（结构层）、中间层和面层组成，有特殊要求的地面，常在面层和中间之间增设附加层（如图 10-23、10-24）。

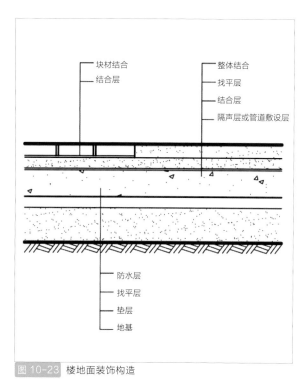

图 10-23 楼地面装饰构造

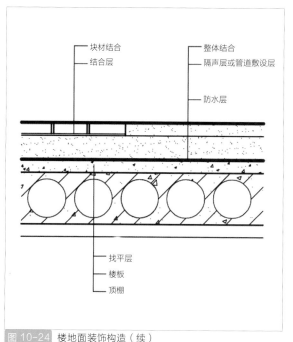

图 10-24 楼地面装饰构造（续）

基层的主要功能是承受楼板层上部的全部荷载并将这些荷载传递给梁或柱，同时还对墙身起到水平支撑的作用，以增强建筑物的整体刚性。

由于面层材质不同，中间层材质的选择也应不同，中间层需有较好的刚性及韧性，它能将上部各种荷载均匀地传递给结构层，同时还能起到防潮、隔声和找坡等作用。

面层是指地面装饰层，它不仅直接承受各种荷载同时还有美化环境保护结构层的作用，应具有一定的强度、耐磨性和耐久性。

10.3.1 整体式地面

整体式地面一般采用现浇施工工艺。

水泥砂浆地面：构造简单、造价低。有单层和双层两种做法。单层是在基层上抹一层 15~20mm 厚的 1：2.5 的水泥砂浆。双层做法是在基层上先用 15~20mm 厚的 1：2.5 的水泥砂浆打底找平，面层用 5~10mm 厚的 1：2 的水泥砂浆抹面。

现浇水磨石地面：表面光洁、不起灰、抗水性好，施工较为复杂，施工周期长，但造价低。整体刚度、耐腐蚀性、易洁性、耐磨度、平整度、光洁度、花式都很好，适用于商场、医院、学校、浴室等。水磨石地面做法分为两层，施工前需清洁基层后用 10~15mm 厚 1：3 水泥砂浆打底找平，按照设计图纸分格条用 1：1 的水泥砂浆固定，再用 1：2 水泥石屑抹面。经浇水养护一周，用磨光机打磨，最后用草酸清洁，打蜡保护完成。分格条一般为玻璃、铜条等，它除了起到美观的作用外还可以防止地面开裂，方便施工和维修（如图 10-25、10-26）。

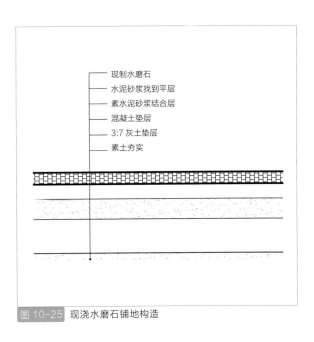

图 10-25　现浇水磨石铺地构造

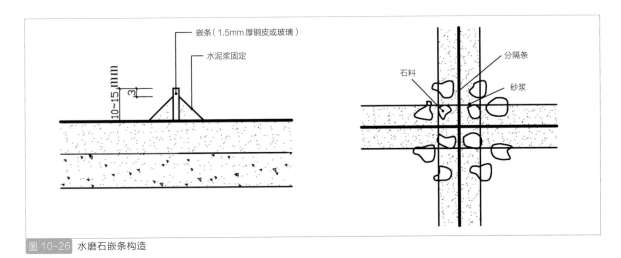

图 10-26　水磨石嵌条构造

环氧树脂自流平地面：一种新型的整体式地面，高强度、耐磨损、美观，具有无接缝、质地坚实、耐药品性佳、防腐、防水、防尘、保养方便、维护费用低廉等优点。可根据不同的用途要求设计多种方案，如 0.5mm 厚薄层涂装、15mm 厚的自流平地面漆、防滑耐磨涂装、砂浆型涂装、防静电漆、防腐蚀涂装等。环氧树脂自流平地坪漆从开始时用于功能性地坪漆：如防腐、耐磨、防滑，发展到通用的普通工业地坪，除了具有功能性的要求，还具有装饰性的效果。自流平地面做法，施工前需清洁基层后用 10~15mm 厚 1：3 水泥砂浆打底找平，后用环氧树脂底漆打底，用环氧树脂砂浆刮涂中层漆，之后打磨、清洁，面层用自流平环氧树脂色漆慢涂一遍（如图 10-27）。

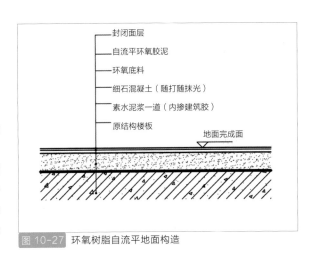

图 10-27　环氧树脂自流平地面构造

10.3.2 块材式地面

块材式地面今年应用较为广泛，无论是公共建筑还是民用建筑均有大面积使用。块材式地面的材料包括大理石、花岗岩、碎拼大理石、陶瓷地面、锦砖等。块材式地面刚性大、易清洁、耐磨损，但对基层平整性和刚性要求较高。施工工艺分干铺和湿铺两种。

（1）块材式地面分类及特点

大理石地面：工厂现在一般按规格要求加工成20~30mm厚板材，规格一般为300mm×600mm~600mm×600mm不等。规则的大理石多采用密缝对拼铺设，缝的大小不超过1mm，用纯水泥扫缝；不规则的碎拼法接缝较大，用水泥砂浆嵌缝（如图10-28、10-29）。

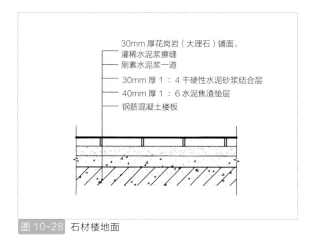

图 10-28 石材楼地面

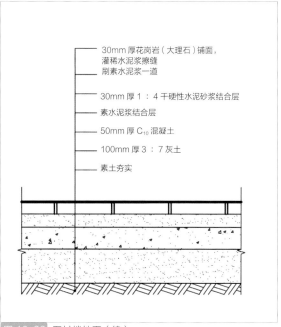

图 10-29 石材楼地面（续）

花岗岩地面：硬度大、难加工、难铺贴，成本高，多用于大型公共性建筑及人流梁比较密集的场所。如建筑的出入口和大厅、宾馆大堂、影剧院、图书馆、展览馆、机场、车站。花岗岩铺设在室外一般不进行磨光，多凿成点或条纹状，用于防滑。花岗岩地面基层表面需用水泥砂浆找平，约3050mm（如图10-30）。

陶瓷地砖地面：已广泛用于各级各类建筑，如办公、商业、旅店、住宅等。

图 10-30 石材铺地实例

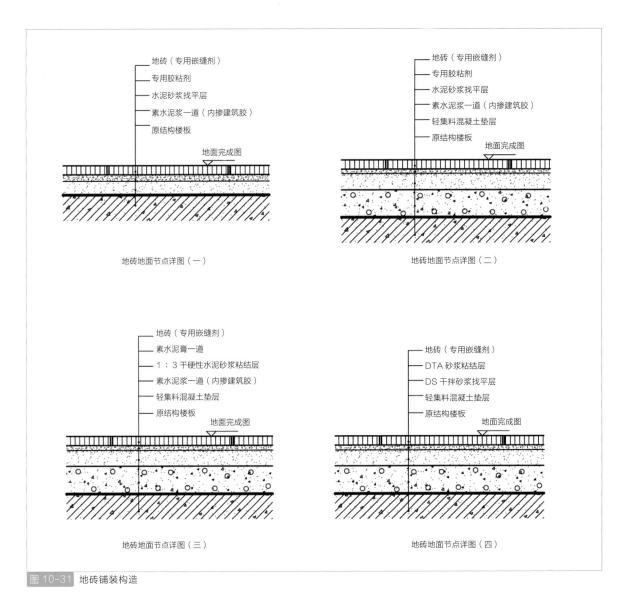

地砖地面节点详图（一）

地砖（专用嵌缝剂）
专用胶粘剂
水泥砂浆找平层
素水泥浆一道（内掺建筑胶）
原结构楼板
地面完成图

地砖地面节点详图（二）

地砖（专用嵌缝剂）
专用胶粘剂
水泥砂浆找平层
素水泥浆一道（内掺建筑胶）
轻集料混凝土垫层
原结构楼板
地面完成图

地砖地面节点详图（三）

地砖（专用嵌缝剂）
素水泥膏一道
1：3干硬性水泥砂浆粘结层
素水泥浆一道（内掺建筑胶）
轻集料混凝土垫层
原结构楼板
地面完成图

地砖地面节点详图（四）

地砖（专用嵌缝剂）
DTA砂浆粘结层
DS干拌砂浆找平层
轻集料混凝土垫层
原结构楼板
地面完成图

图 10-31 地砖铺装构造

缸砖地面：缸砖比一般砖厚，形状有正方形、六角形、八角形，质地坚硬、耐磨、耐水、耐酸碱、易清洁。以红棕色最为常见，背面有凹槽。铺贴可用1520mm厚、1：3水泥砂浆作为结合层材料（如图10-32）。

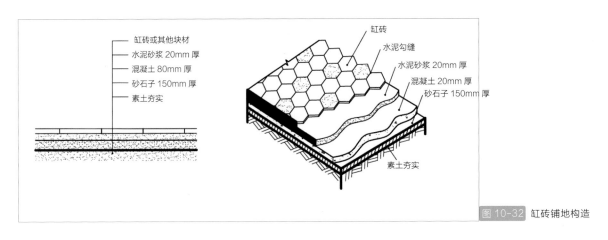

缸砖或其他块材
水泥砂浆 20mm 厚
混凝土 80mm 厚
砂石子 150mm 厚
素土夯实

缸砖
水泥勾缝
水泥砂浆 20mm 厚
混凝土 20mm 厚
砂石子 150mm 厚
素土夯实

图 10-32 缸砖铺地构造

锦砖地面：以陶瓷锦砖为例，质地坚硬，表面光滑、经久耐用，耐磨耐酸碱、不透水、易清洁，可用于厨卫空间的地面或墙面局部装饰。形状多为正方形，一般 15~39mm 见方，厚度通常在 4.5~5mm，出厂前拼好图案贴在牛皮纸上，称为 300mm×300mm 或 600mm×600mm 的大张，每块锦砖留有 1mm 缝隙，施工时要在基层铺一层 15~20mm 厚、1：3 水泥砂浆结合层，再将大张锦砖纸反铺在上面，用滚筒压平压实，使水泥砂浆挤入缝隙中，待水泥砂浆初凝后，用水或草酸洗去牛皮纸，干水泥嵌缝即可（如图 10-33）。

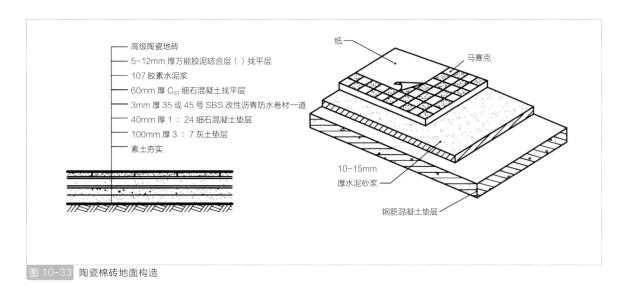

高级陶瓷地砖
5~12mm 厚万能胶泥结合层（ ）找平层
107 胶素水泥浆
60mm 厚 C$_{20}$ 细石混凝土找平层
3mm 厚 35 或 45 号 SBS 改性沥青防水卷材一道
40mm 厚 1：24 细石混凝土垫层
100mm 厚 3：7 灰土垫层
素土夯实

纸
马赛克
10~15mm
厚水泥砂浆
钢筋混凝土垫层

图 10-33　陶瓷棉砖地面构造

（2）块材式地面施工工艺

湿铺工艺，即采用传统的水泥砂浆进行板材地面铺贴（如图 10-34）。

表 10-4　块材地面湿铺工序

	湿铺工序	陶瓷地砖	石质块材
1	基层清洁	+	+
2	定位放水平分格线	+	+
3	1：3 水泥砂浆做标筋、灰饼	+	+
4	1：3 水泥砂浆做找平层 20mm 厚	+	+
5	定位放线、拼花	+	+
6	块材试排、编号	+	+
7	刷水泥砂浆结合层	+	+
8	做标志块、拉水平控制线	+	+
9	1：2 水泥砂浆 5mm 厚铺贴块材	+	+
10	靠尺抄平	+	+
11	白水泥调色浆嵌缝	+	+
12	清理成活	+	+

注：表中"＋"号表示应该进行工序

10- 装饰构造与施工工艺

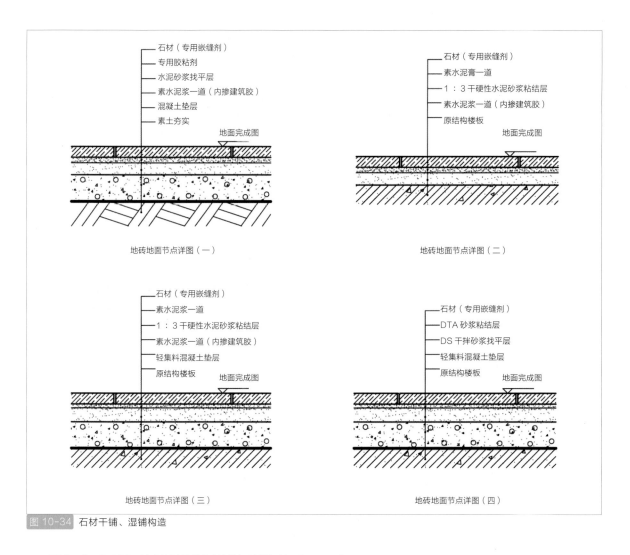

图 10-34 石材干铺、湿铺构造

干铺工艺，即采用干性水泥砂浆进行块材地面铺贴（如图 10-34）。

表 10-5　块材地面干铺工艺

	干铺工序	陶瓷地砖	石质块材
1	基层清洁	＋	＋
2	定位放水平分格线	＋	＋
3	块材试排、编号	＋	＋
4	做标志块、拉水平控制线	＋	＋
5	铺 1：3 干硬水泥砂浆做找平层 30mm 厚	＋	＋
6	干铺块材（600mm×600mm 以上）、平铺	＋	＋
7	块材背后满铺水泥净浆（掺 108 胶）	＋	＋
8	橡皮锤敲击、靠尺抄平	＋	＋
9	块材缝隙注水泥砂浆、随时擦缝	＋	＋
10	白水泥调色浆嵌缝	＋	＋
11	清理成活	＋	＋

注：表中"＋"号表示应该进行工序

10.3.3 木地板地面

木地板具有良好的弹性、热导率低、冬暖夏凉，广泛用于家庭、高档会所、宾馆和舞台。目前木地板材料主要有实木地板、实木复合地板及复合强化地板三类。

（1）实木地板施工工艺

空铺：一种传统铺地方法，适用范围不广，常用于室外地面或舞台地面。整个木地面由地垄墙、垫木、木龙骨、木地板（分单双层）等部分组成。为满足地面下层空间通风，常在地垄墙之间、外墙角处开设通风空洞。木龙骨上常加铺一层毛地板，两层地板之间需铺两层沥青防水油毡，两层地板的铺设方向应成45°或90°，形成不同的受力方向（如图10-35、10-36）。

图 10-35 条木拼花地板实例

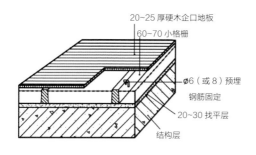

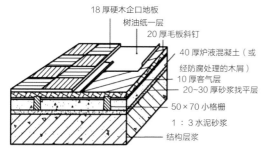

图 10-36 实木地板实铺与空铺条构造

实铺：将木地板直接固定在连接于混凝土楼板的木龙骨上面。铺装面积小即可将木龙骨用打木楔子方法和楼板进行固定。铺装面积大时，木龙骨需要在混凝土板上预埋铁件嵌固，或用镀锌铁丝扎牢。木龙骨为50mm×60mm不等的方木，中距330~390mm（一个踏步大小）。可在基层上刷冷底子油和热沥青，龙骨及地板背面需涂防腐剂与防火涂料。企口板应与木龙骨成垂直方向钉牢，钉的长度为板厚两倍，从侧面斜钉，钉帽砸扁。板的接缝要错开，板与墙应留出10mm空间，并用踢脚板封盖。双层铺法现在木龙骨上钉一层毛地板，再钉一层企口面板（如图10-36）。

（2）强化复合地板施工工艺

地面找平平铺防潮发泡垫层铺第一排画线下料拉线拉直离墙留口、紧排缝隙顺序排版垫木紧缝画线留洞口加胶固定门洞口收口最后一排版画线下料塞板紧排留缝塞木楔（如图10-37）。

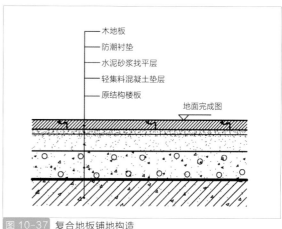

图 10-37 复合地板铺地构造

10.3.4 卷材地面

卷材地面主要包括塑料地面和地毯地面两类。

塑料地面：装饰效果好、色彩鲜艳、施工简单、有一定弹性，耐磨、耐腐蚀、绝缘性好，但不耐高热、受压后产生凹陷、易老化。按其使用状态可分为块材（或地板砖）和卷材（或地板革）两种。按其材质可分为硬质、半硬质和软质（弹性）三种。按其基本原料可分为聚氯乙烯（PVC）塑料、聚乙烯（PE）塑料和聚丙烯（PP）塑料等数种。

地毯地面：地毯弹性良好，有吸声、隔热、减少噪声等功能。质感柔软、保温性好、脚感舒适，色彩丰富、装饰效果高雅。地毯地面有两种铺装方法：不固定式和固定式；既可满铺也可以局部铺。固定式铺装有两种方法：一种方法是用胶黏剂将地毯与地面黏结；另一种是将地毯下设有弹性胶垫时，在房间周边间距墙面 8~10mm 的地面上放置带有倒刺的木板条，木板条用水泥钉直接固定在基层上，以便于地毯掩边，将地毯背面固定在倒刺板的钉钩上（如图 10-38~图 10-40）。

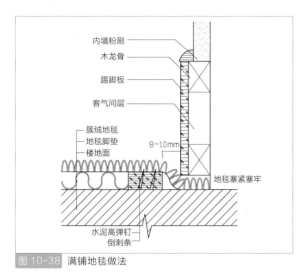

图 10-38 满铺地毯做法

图 10-39 满铺地毯

10.3.5 特殊地面装饰构造

（1）发光地面

反光楼地面适应大型晚会演出现场、舞厅的舞池、科技馆、演播厅和歌舞剧院。主要采用透光材料，使得变幻的光线由架空地面的内部向上投射，人行其上有一种动感的效果。发光地面的透光材料有双层中空钢化玻璃、双层中空彩绘钢化玻璃、幻影玻璃地砖、镭射钢化玻璃等。

发光地面因内部需要一定的空间，因而必须使地面架空，架空基层包括架空支撑结构、格栅等，架空支撑结构一般有砖支墩、混凝土支墩、钢结构支架等几种，在支架内预留通风散热孔间，使架空层与外部之间能够良好的散热通风，一般沿外墙应每隔断 3~5m、开设 180mm×180mm 的孔洞，墙洞口加封铁丝网罩或与排风口管道相连。格栅起固定和承托面层的作用，有型钢、T 形铝型材等（如图 10-41、10-42）。

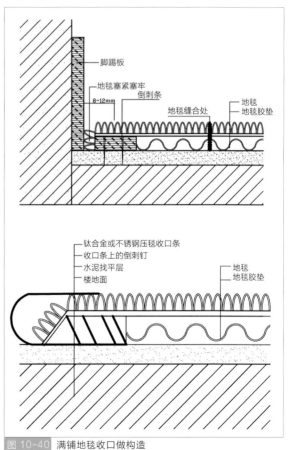

图 10-40 满铺地毯收口做构造

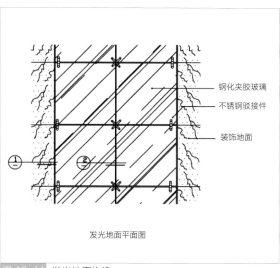

发光地面平面图

图 10-41 发光地面构造

施工工序：清扫地面安装支架（脚柱），引出地线铺设其他管线，调整支架（脚柱）的高度，安装衍架（托架）。调整衍架水平铺设地板，安装插座等。

（2）活动夹层地板

活动夹层地板施工工艺类似于发光地板，只是面层材料不是透光材料而已。广泛运用于计算机房、仪表控制室、通信中心、多媒体教室、医院等建筑。典型板块尺寸为457mm×457mm、600mm×600mm、762mm×762mm。支架有拆装支架、固定式支架、卡锁格栅式支架、刚性龙骨支架四种（参见图10-37、10-38）。

（3）运动木地板

运动木地板需满足竞技比赛、娱乐及健身等功能要求，常用水曲柳、枫木、山毛榉等高强度、弹性好的木材。运动木地板的结构主要由面层地板、毛地板层、龙骨层、防潮层和弹性垫层等组成。龙骨间距500mm×500mm、300mm×300mm（如图10-43、10-44）。

图 10-43 室内运动场馆

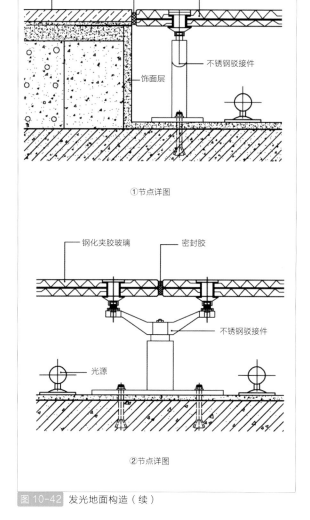

①节点详图

②节点详图

图 10-42 发光地面构造（续）

运动木地板构造

图 10-44 运动木地板

10.4 墙面构造做法

墙面饰面起到保护墙体、装饰室内的作用。整个室内空间中的六大面，其中墙体占2/3。墙体一般从结构上可分为承重墙、隔墙和填充墙；从使用材料可分为砖墙、石墙、混凝土墙、木质墙和玻璃墙等；从设计形式上可分实体墙、空心墙、通透墙、低矮墙和移动墙等。而墙体饰面又可以按饰面材料分为涂料饰面、玻璃饰面、瓷砖饰面、大理石花岗岩饰面、金属饰面、布艺墙纸饰面；按墙面装饰施工工艺可分贴面类、钉铺类、裱糊类、涂刷类、抹灰类饰面等。

10.4.1 抹灰类饰面墙面

抹灰类墙面常用的胶结材料有水泥、石灰、石膏等。

表 10-6　常用的砂浆种类与配料

种 类	配 料
素水泥浆	由水泥和水（按一定配合比）拌和而成
水泥砂浆	水泥、沙子和水（按一定配合比）拌和而成
石灰砂浆	石膏灰、沙子和水（按一定配合比）拌和而成
混合砂浆	水泥、石灰膏、沙子和水（按一定配合比）拌和而成
纸筋石灰浆	石灰膏、纸筋和水（按一定配合比）拌和而成
麻刀石灰浆	石灰膏、麻刀河水（按一定配合比）拌和而成

抹灰饰面的构造层分为三层，即底层、中间层和饰面层。按所用材料和施工方式可分一般抹灰和装饰抹灰。一般抹灰即用各种砂浆抹平墙面，大致分为高级抹灰、中级抹灰、普通抹灰三级。装饰抹灰是指用不同的施工工艺手法形成不同的外观质感效果的抹灰饰面层次，主要有水刷石、干粘石、斩假石、拉毛灰等。

表 10-7　一般抹灰饰面构造

抹灰名称	底层材料	厚度／mm	面层材料	厚度／mm	应用范围
混合砂浆抹灰	1：1：6混合砂浆	12	1：1：6混合砂浆	8	一般砖、石墙面均可选用
水泥砂浆抹灰	1：3水泥砂浆	14	1：2.5混合砂浆	6	室外饰面基室内需防潮的房间及厨浴空间
纸筋麻刀灰	1：3水泥砂浆	13	纸筋灰或麻刀灰	2	一般民用建筑砖、石室内墙面
石膏灰罩面	（1：2）（1：3）麻刀灰砂浆	13	玻璃丝罩面 石膏灰罩面	23	高级装修的室内顶棚和墙面抹灰的罩面
水砂面层抹灰	（1：2）（1：3）麻刀灰砂浆	13	1：（34）水砂抹面	34	较高级住宅或办公楼房的内墙抹灰
膨胀珍珠岩灰浆罩面	（1：2）（1：3）麻刀灰砂浆	13	水泥：石膏灰：膨胀珍珠岩=100：（10~20）：（35）（质量比）罩面	2	保温、隔热要求较高的建筑内墙抹灰

（1）装饰抹灰饰面构造

装饰抹灰饰是利用材料的特点及工艺处理，使抹灰面具有不同的质量、纹理和色彩效果的抹灰类型。装饰抹灰与一般抹灰的做法大致相同，所不同的是装饰抹灰的面层更具有装饰性（如图10-45）。

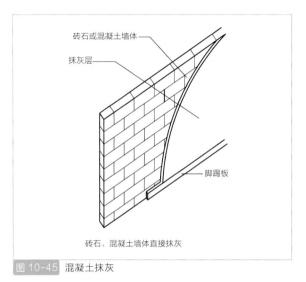

砖石、混凝土墙体直接抹灰

图 10-45 混凝土抹灰

10.4.2 涂料类饰面墙面

建筑的内外墙采用涂料类材料做饰面，是各种饰面装饰中最为简便的一种装饰手法。它用料省、自重轻、工期短、造价低、维护更加方便，被广泛应用于各种档次的装饰中。涂料类墙面分为外墙涂料饰面和内墙涂料饰面。涂料类墙面的构造做法分底层、中间层、面层三个部分（如图10-46、10-47）。

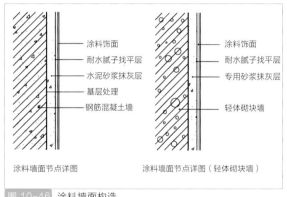

涂料墙面节点详图　　涂料墙面节点详图（轻体砌块墙）

图 10-46 涂料墙面构造

图 10-47 乳胶漆内墙

10- 装饰构造与施工工艺

125

表 10-8 内墙涂料饰面施工工序

项次	工序名称	乳胶漆		内墙涂料		装饰涂料	
		普通	高级	普通	高级	真石漆	刮毛
1	基层处理	+	+	+	+	+	+
2	填补缝隙、局部刮腻子	+	+	+	+	+	+
3	磨平	+	+	+	+	+	+
4	第一遍满刮腻子	+	+	+	+	+	+
5	磨平	+	+	+	+	+	+
6	第二遍满刮腻子	+	+	I	+	+	+
7	磨平	+	+	+	+	+	+
8	第一遍底漆涂滚	+	+	+	+	+	+
9	复补腻子	+	+	+	+	+	+
10	磨平	+	+	+	+	+	+
11	第二遍喷刷滚（模板刮毛）	+	+	+	+	+	+
12	磨平（光）		+		+		
13	第三遍喷刷滚		+		+		
14	清理成活	+	+	+	+	+	+

注：表中"＋"号表示应该进行工序

外墙涂料施工工艺原则是由上而下，先墙面再线条。在基层含水率10%，PH10，相对湿度85%的条件下方可施工，同时施工现场要禁止烟火，注意通风（如图10-48）。

图 10-48 建筑涂料外墙

126

表 10-9　硅藻泥饰面施工工序

项次	工序名称	硅藻泥
1	基层处理	+
2	填补缝隙、局部刮腻子	+
3	磨平	+
4	硅藻泥粉加 90% 清水搅拌	+
5	第一遍满涂 1mm 厚左右	+
6	第二遍满涂约 1.5mm 厚左右（两遍涂抹总厚度 1.5~3.0mm）	+
7	制作肌理图案	+
8	收光抹子沿图案纹路压实收光	+
9	清理成活	+

注：表中"＋"号表示应该进行工序

表 10-10　外墙涂料饰面施工工序

项次	工序名称	外墙涂料
1	基层处理（修补、清扫）	+
2	局部填补腻子	+
3	磨平	+
4	第一遍满刮腻子	+
5	磨平	+
6	底漆施工	+
7	涂饰骨浆	+
8	滚花（拉毛）	+
9	第一遍面漆施工	+
10	第二遍面漆施工	+
11	涂料修整	+
12	清理成活	+

注：表中"＋"号表示应该进行工序

10.4.3 块材类饰面墙面

块材类墙面是指将一定规格的块材粘贴到墙体基层上的一种装饰形式。常见块材类装饰材料有大理石、花岗岩、陶瓷制品及人工烧制的砖。块材类饰面层坚固耐用，色泽稳定易清洗，耐腐蚀，装饰效果好。

（1）石材贴面施工工艺

目前石材类墙面贴面施工工艺主要是干挂法、湿挂法和湿贴法三种形式。

干挂法：适用于室内外墙面、柱面的天然石材贴面，特别是外墙货柱面的花岗岩板材贴面，通常采用干挂法（如图

10-49~ 图 10-53）。

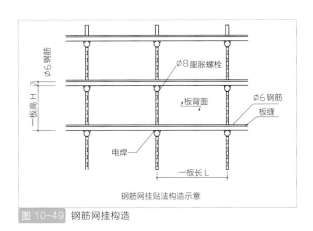

钢筋网挂贴法构造示意

图 10-49　钢筋网挂构造

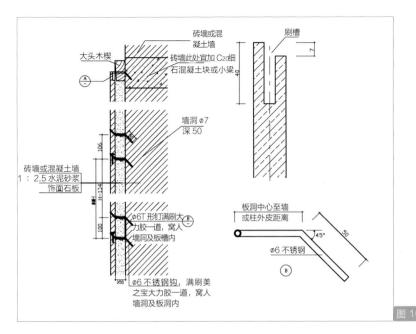

图 10-50 钢筋网挂构造2

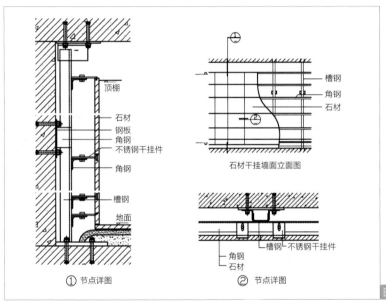

图 10-51 石材干挂构造

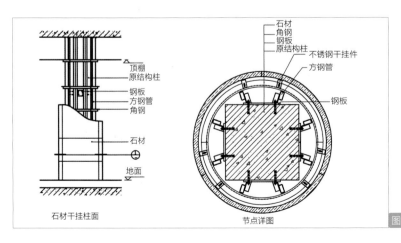

图 10-52 柱面石材干挂构造

图 10-53 石材干挂实例

表 10-11　天然石材干挂的镶贴工序

项次	工序名称	微晶装饰板	花岗岩	大理石
1	基层处理	+	+	+
2	墙面放线、定位	+	+	+
3	电锤打孔（或利用预埋铁件）	+	+	+
4	安装角钢骨架（进行除锈和防锈处理）			
5	填充聚苯泡沫保温层			
6	板材选材、预排、编号	+	+	+
7	板材开槽或钻孔（板厚 25mm）	+	+	+
8	板材背后粘贴复合玻璃纤维网格布加强层		+	+
9	通过膨胀螺栓固定不锈钢连接件	+	+	+
10	通过 M8 调节螺栓安装不锈钢舌板连接件	+	+	+
11	安装板材，不锈钢插销入板孔固定	+	+	+
12	板孔打胶（应采用柔性胶固定）	+	+	+
13	调平对缝、校正板块	+	+	+
14	调紧螺栓	+	+	+
15	板缝内嵌入聚乙烯发泡圆棒条	+	+	+
16	板缝打入耐候硅酮防水密封胶、随时修缝	+	+	+
17	安装封顶板	+		
18	防水密封处理	+		+
19	抛光上蜡		+	+
20	清理成活	+	+	+

注：石板可加工成圆弧板；表中"+"表示应该进行工序。

湿挂法：是较为传统的施工作业方法，在采用绑扎连接石板的同时，需要分层灌注水泥砂浆填实石板与墙体之间的空隙。墙裙和勒脚处的石材贴面通常采用湿挂法工艺（如图10-54、10-55）。

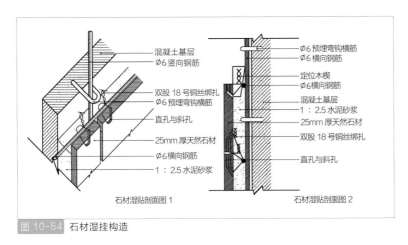

石材湿贴剖面图1　　　　　石材湿贴剖面图2

图 10-54 石材湿挂构造

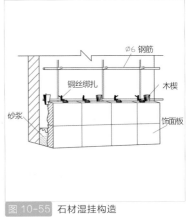

图 10-55 石材湿挂构造

表 10-12　天然石板湿挂法的镶贴工序

项次	工序名称	花岗岩	大理石
1	基层清理	+	+
2	放线定位	+	+
3	石材选材、预排、编号	+	+
4	电锤打孔或预埋铁件	+	+
5	固定双向钢筋网	+	+
6	板材钻孔	+	+
7	板材背后涂刷防碱背涂剂	+	+
8	自下而上用直径 4mm 铜丝（或 3mm 不锈钢丝）绑扎固定石板	+	+
9	调平对缝	+	+
10	相邻板缝处间隔 100~150mm 用石膏掺适量白水泥临时固定	+	+
11	石膏浆嵌缝或缝内嵌泡沫塑料条	+	+
12	墙面和石板背面洒水湿润	+	+
13	第一层灌注 1：2.5 水泥砂浆 150~200mm 高	+	+
14	捣实灌浆、调平板面、养护、清理残浆	+	+
15	第二层灌注 1：2.5 水泥砂浆 100mm 高、约板材高度的 1/2	+	+
16	养护、清理残浆	+	+
17	第三层灌注 1：2.5 水泥砂浆距板材上口高度 100mm 左右	+	+
18	清理残浆、养护 24h 后，再进行上一排石板的灌浆安装	+	+
19	清除堵缝材料	+	+
20	调配白水泥色浆嵌缝	+	+
21	抛光上蜡	+	+
22	清理成活	+	+

（2）镶贴面砖饰面施工工艺

面砖饰面结构致密，抗风化、抗冻性能力强，同时兼具防水、防火、耐腐蚀等性能。常见的有彩釉砖、劈离砖、艺术陶瓷砖等（如图 10-56~10-60）。

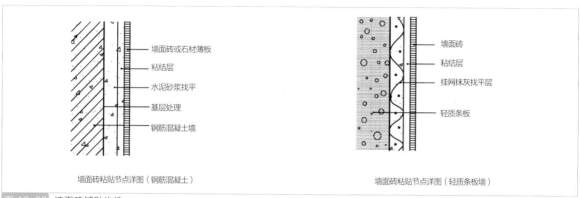

墙面砖粘贴节点详图（钢筋混凝土）　墙面砖粘贴节点详图（轻质条板墙）

图 10-56 墙面砖铺贴构造

图 10-57 仿石地砖铺贴实例

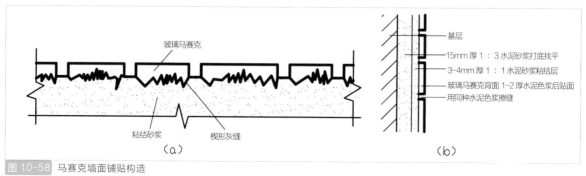

（a）　　　　　　（b）

图 10-58 马赛克墙面铺贴构造

图 10-59 文化石铺贴

图 10-60 马赛克铺贴实例

表 10-13 外墙瓷砖镶贴工序

项次	工序名称	无釉面砖	彩釉砖	劈离砖
1	外墙面砖浸水 2h 以上，洗净阴干	+	+	+
2	基层清理，提前洒水湿润	+	+	+
3	1：3 水泥砂浆做灰饼、标筋，间距 1.5m 左右	+	+	+
4	1：3 水泥砂浆找平层厚 20mm，分层施工，表面搓毛	+	+	+
5	刷素水泥浆掺 108 胶结合层	+	+	+
6	防线、分格、试排	+	+	+
7	粘贴标志块	+	+	+
8	拉水平控制线、竖向控制线	+	+	+
9	1：2 水泥砂浆（掺 108 胶）5mm 厚左右，自上而下粘贴面砖	+	+	+
10	木锤敲击、调平对缝	+	+	+
11	1：1 水泥砂浆勾缝，先勾水平缝后沟垂直缝，缝宽 6~10mm	+	+	+
12	面砖表面随时擦浆	+	+	+
13	清理成活	+	+	+

表 10-14　内墙瓷砖（文化石）的镶贴工序

项次	工序名称	内墙瓷砖	文化石	拼花瓷砖
1	选砖、瓷砖浸水 2h 以上，洗净阴干	+	+	+
2	内墙面基层清理，提前洒水湿润	+	+	+
3	1：3 水泥砂浆做灰饼、标筋，间距 1.5m 左右	+	+	+
4	1：3 水泥砂浆找平层厚 20mm，分层施工，表面搓毛	+	+	+
5	刷素水泥浆掺 108 胶结合层	+	+	+
6	防线、分格、试排、编号	+	+	+
7	粘贴标志块	+	+	+
8	拉水平控制线、竖向控制线	+	+	+
9	1：2 水泥砂浆（掺 108 胶）5mm 厚左右，自上而下粘贴面砖、拼花图案	+	+	+
10	胶黏剂（或快粘粉、石膏粉）粘贴	+	+	+
11	木锤敲击、调平对缝	+	+	+
12	白水泥色浆抹缝	+	+	+
13	清理成活	+	+	+

（3）镶板类装饰墙面构造

镶板类墙面是指用竹、木、石膏板、矿棉板、塑料板、玻璃、薄金属板材等材料制成的饰面板，通过镶、钉、拼、贴等构造方法构成的墙面饰面。镶板类墙面基本构造是按计划要求在墙上打上木塞子，进行基层墙面处理，做防潮层，按设计做木龙骨造型，在龙骨上铺装基层板材，再在上面安装面板，最后刷涂料。

木板贴面饰面：广泛应用于内墙各类装饰工程中。主要是各种饰面胶合板、细木工板、密度板、木线条等。常用饰面板规格有 1220mm×2440mm、1220mm×2135mm，厚度不等（如图 10-61、10-62）。

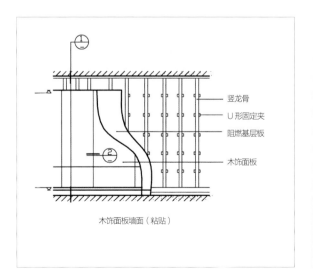

木饰面板墙面（粘贴）

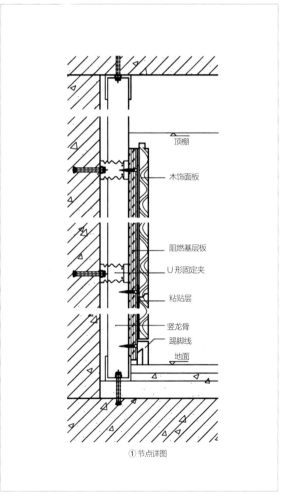

顶棚

木饰面板

阻燃基层板

U 形固定夹

粘贴层

竖龙骨

踢脚线

地面

①节点详图

竖龙骨

U 形固定夹

阻燃基层板

木饰面板

10- 装饰构造与施工工艺

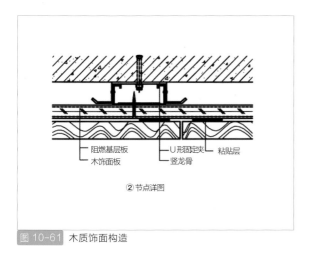

阻燃基层板 ┐　　┌ U形固定夹　┌粘贴层
木饰面板 ┘　　└竖龙骨

②节点详图

图 10-61　木质饰面构造

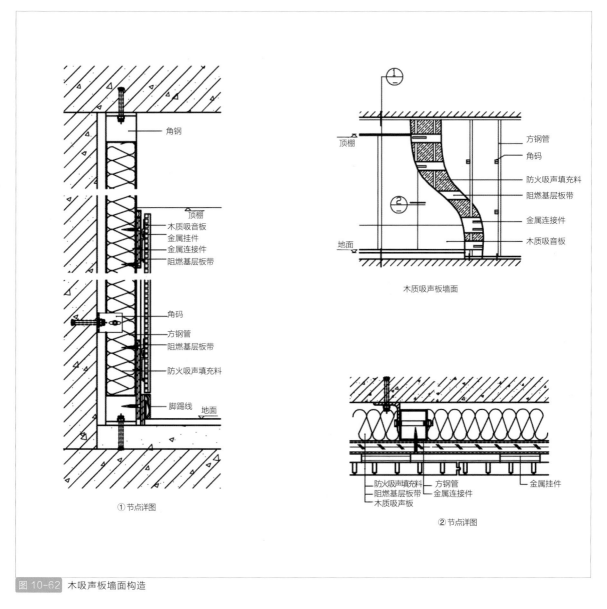

角钢

顶棚
木质吸音板
金属挂件
金属连接件
阻燃基层板带

角码
方钢管
阻燃基层板带
防火吸声填充料

脚踢线　地面

①节点详图

顶棚

地面

方钢管
角码
防火吸声填充料
阻燃基层板带
金属连接件
木质吸音板

木质吸声板墙面

防火吸声填充料┐　┌方钢管　　　┌金属挂件
阻燃基层板带┤　├金属连接件
木质吸声板┘

②节点详图

图 10-62　木吸声板墙面构造

表 10-15　木质板贴面施工工序

项次	工序名称	胶合板饰面	实木条板	竹条板
1	基层清理，提前洒水湿润	+	+	+
2	1：3 水泥砂浆做灰饼、标筋，间距 1.5m 左右	+	+	+
3	1：3 水泥砂浆找平层厚 20mm，分层施工	+	+	+
4	做防潮层	+	+	+
5	放线定位	+	+	+
6	电锤打孔，打入防腐木楔	+	+	+
7	钉木龙骨 30mm×40mm~400mm（或采用细木工板切割板条）	+	+	+
8	刷防火涂料二遍	+	+	+
9	钉基层板（细木工板、九夹板、中密度板、五夹板）	+	+	+
10	防线定位、拼花图案	+		
11	钉造型板	+		
12	钉饰面板（各种饰面三合板进入施工香肠应首先刮刷透明腻子保护）	+		
13	钉实木条板、桑拿条板		+	
14	钉竹条板			+
15	钉装饰木线条（造型木线、盖缝线、收口线）	+		
16	找补腻子（补钉眼）	+	+	+
17	喷刷饰面漆	+	+	+
18	清理成活	+	+	+

表 10-16　PVC（防火胶板）贴面施工工序

项次	工序名称	PVC
1	基层清理，提前洒水湿润	+
2	1:3 水泥砂浆做灰饼、标筋，间距 1.5m 左右	+
3	1:3 水泥砂浆找平层厚 20mm，分层施工	+
4	做防潮层	+
5	放线定位	+
6	电锤打孔，打入防腐木楔	+
7	钉木龙骨 30mm×40mm~400mm（或采用细木工板切割板条）	+
8	刷防火涂料二遍（木龙骨和基层板背面）	+
9	钉基层板（细木工板、九夹板、中密度板、五夹板）	+
10	防线定位、拼花图案	+
11	钉造型板	+
12	工具刀切割 PVC 饰面防火胶板	+
13	万能胶粘贴 PVC 饰面防火胶板（基层板盒防火胶均用刮板刮胶）	+
14	饰面防火胶板缝隙（缝宽 48mm）打入密封胶，随时清理缝隙	+
15	表面清理	+
16	抛光上蜡成活	+

玻璃类饰面：采用各种平板玻璃、压花玻璃、磨砂玻璃、镜面玻璃等作为墙体饰面，光滑、洁净，富有通透感、冷艳的美感。玻璃饰面基本构造做法是在墙基层上设置一层隔气防潮层，按要求立木筋，间距按玻璃尺寸做成木龙骨，在木龙骨上钉接一层胶合板或纤维做衬板，最后将玻璃固定在衬板上。固定玻璃的方法有嵌条固定法、嵌钉固定法、粘贴固定法、螺钉固定法（如图 10-63）。

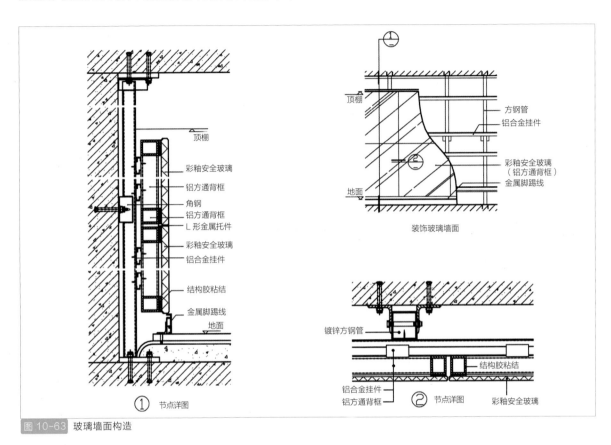

图 10-63 玻璃墙面构造

表 10-17　粘贴及螺钉固定玻璃施工工序

项次	工序名称	玻璃镜面
1	基层清理，提前洒水湿润	+
2	1：3 水泥砂浆做灰饼、标筋，间距 1.5m 左右	+
3	1：3 水泥砂浆找平层厚 20mm，分层施工	+
4	做防潮层	+
5	放线定位	+
6	电锤打孔，打入防腐木楔	+
7	钉木龙骨 30mm×40mm~400mm（或采用细木工板切割板条）	+
8	刷防火涂料二遍（木龙骨和基层板背面）	+
9	钉基层板（细木工板、九夹板、中密度板、五夹板）	+
10	防线定位、拼花图案	+
11	双面胶带粘贴或螺钉固定镜面玻璃（已切割、磨边加工）	+
12	调平对缝、挤压平整	+
13	玻璃间缝隙打入密封胶	+
14	清理成活	+

表 10-18　嵌条固定玻璃施工工序

项次	工序名称	玻璃镜面
1	基层清理，提前洒水湿润	+
2	1：3 水泥砂浆做灰饼、标筋、间距 1.5m 左右	+
3	1：3 水泥砂浆找平层厚 20mm，分层施工	+
4	做防潮层	+
5	放线定位	+
6	电锤打孔，打入防腐木楔	+
7	钉木龙骨 30mm×40mm~400mm（或采用细木工板切割板条）	+
8	刷防火涂料二遍（木龙骨和基层板背面）	+
9	钉基层板（细木工板、九夹板、中密度板、五夹板）	+
10	防线定位、拼花图案	+
11	木线嵌条刮腻子，砂纸打磨	+
12	木线嵌条刷饰面漆	+
13	钉装饰木线嵌条固定玻璃（已切割、磨边加工）	+
14	色浆找补钉眼	+
15	清理成活	+

金属板、铝塑板贴面施工工艺（如图 10-64~10-66）。

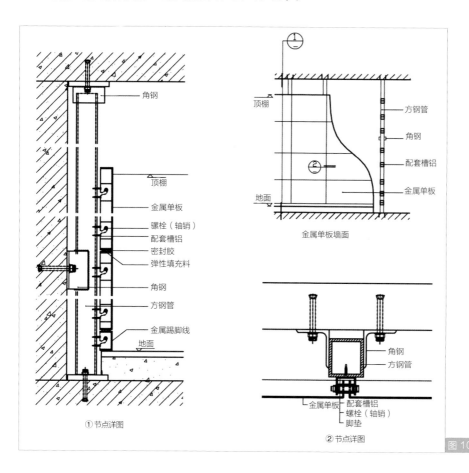

①节点详图

金属单板墙面

②节点详图

图 10-64　金属单板墙面构造

10·装饰构造与施工工艺

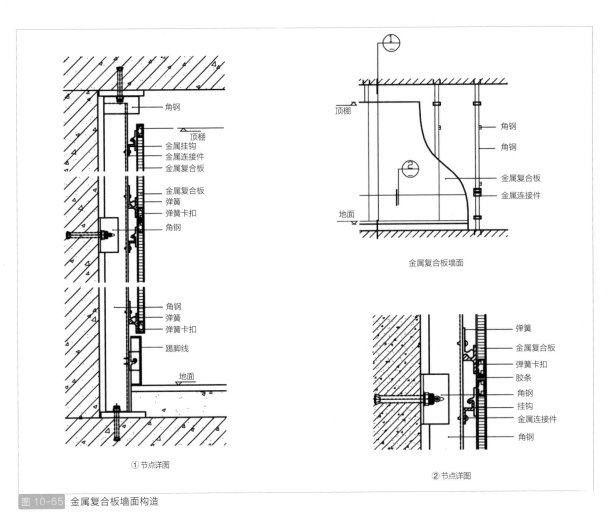

图 10-65 金属复合板墙面构造

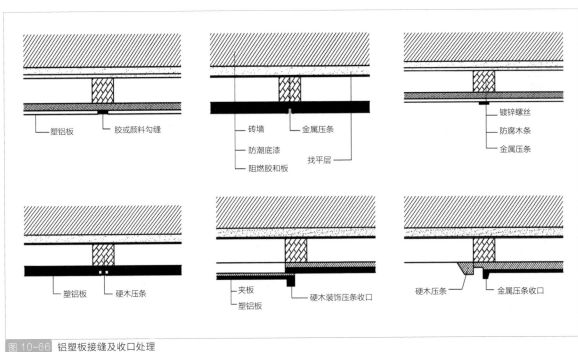

图 10-66 铝塑板接缝及收口处理

表 10-19　金属板饰面施工工序

项次	工序名称	哑光不锈钢板	不锈钢板	不锈钢镜面板
1	基层清理，提前洒水湿润	+	+	+
2	1：3 水泥砂浆做灰饼、标筋，间距 1.5m 左右	+	+	+
3	1：3 水泥砂浆找平层厚 20mm，分层施工	+	+	+
4	做防潮层	+	+	+
5	放线定位	+	+	+
6	电锤打孔，打入防腐木楔	+	+	+
7	钉木龙骨 30mm×40mm~400mm（或采用细木工板切割板条）	+	+	+
8	刷防火涂料二遍（木龙骨和基层板背面）	+	+	+
9	钉基层板（细木工板、中密度板）	+	+	+
10	防线定位、拼花图案	+	+	+
11	钉造型板、预留缝隙	+	+	+
12	加工切割不锈钢板	+	+	+
13	不锈钢板和基层板刮刷万能黏结胶	+	+	+
14	胶稍干后将不锈钢板粘贴到基层板上	+	+	+
15	不锈钢卷口收边嵌入预留缝隙中	+	+	+
16	木锤敲击挤压	+	+	+
17	不锈钢卷口收缝处打白色玻璃胶固定	+	+	+
18	揭掉保护膜	+	+	+
19	清理成活	+	+	+

表 10-20　铝塑板饰面施工工序

项次	工序名称	聚酯涂层铝塑板	氟碳涂层铝塑板
1	基层清理，提前洒水湿润	+	+
2	1：3 水泥砂浆做灰饼、标筋，间距 1.5m 左右	+	+
3	1：3 水泥砂浆找平层厚 20mm，分层施工	+	+
4	做防潮层	+	+
5	放线定位	+	+
6	电锤打孔，打入防腐木楔	+	+
7	钉木龙骨 30mm×40mm~400mm（或采用细木工板切割板条）	+	+
8	刷防火涂料二遍（木龙骨和基层板背面）		
9	钉基层板（九夹板、中密度板）	+	+
10	防线定位、拼花图案	+	+
11	切割铝塑板	+	+
12	用刮板在木基层板和铝塑板背后刮刷万能黏结胶		+
13	用 2mm 厚的泡沫双面胶带粘贴铝塑板	+	
14	待万能黏结胶稍干时粘贴铝塑板（板条宽 48mm）		
15	木锤敲击挤压，挤压平整	+	+
16	铝塑板板缝（板缝宽 610mm）内打入黑色玻璃胶嵌缝、修缝	+	
17	板缝内打入密封胶，随时修缝		+
18	养护	+	+
19	揭掉铝塑板表面保护膜	+	+
20	清理成活	+	+

10.4.4 卷材类墙面构造

卷材类墙面要用裱糊的方法将壁纸、墙布等装饰内墙面。装饰整体感强、色彩、纹理、图案较为丰富（图10-67）。

10.4.5 软包饰面和硬包饰面

目前市场软包可划分为三大类：常规传统软包、型条软包、皮革软包。与软包对应的是硬包，即直接把基层的木工板或高密度纤维板做成所需的造型，然后把板材的边做成45°的斜边，再用布艺或皮革饰面。但相对于软包来说，硬包表面易磨损，耐久性弱。面层固定：皮革和人造革饰面的铺钉方法，以成卷铺装和分块固定两种形式为主，但也有压条法、平铺泡钉压角法等（如图10-68~10-71）。

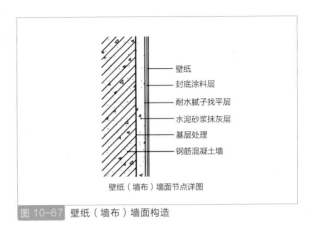

壁纸（墙布）墙面节点详图

- 壁纸
- 封底涂料层
- 耐水腻子找平层
- 水泥砂浆抹灰层
- 基层处理
- 钢筋混凝土墙

图 10-67　壁纸（墙布）墙面构造

表 10-21　裱糊类施工工序

项次	工序名称	无纺墙布	塑料壁纸	纤维壁纸	金属壁纸
1	基层清理	+	+	+	+
2	填补缝隙、局部刮腻子	+	+	+	+
3	磨平	+	+	+	+
4	第一遍满刮腻子	+	+	+	+
5	磨平	+	+	+	+
6	第二遍满刮腻子	+	+	+	+
7	磨平、刷防潮底漆	+	+	+	+
8	放线定位、分格	+	+	+	+
9	刷封底胶水	+	+	+	+
10	选材、拼花、试帖	+	+	+	+
11	壁纸与墙面刷胶	+	+	+	+
12	拼贴壁纸、对花	+	+	+	+
13	壁纸刀切割修缝	+	+	+	+
14	清理成活	+	+	+	+

表 10-22　软包饰面施工工序

项次	工序名称	软包
1	基层清理	+
2	1：3水泥砂浆做灰饼、标筋，间距1.5m左右	+
3	1：3水泥砂浆找平层厚20mm，分层施工	+
4	做防潮层	+
5	放线定位	+
6	电锤打孔，打入防腐木楔	+
7	钉木龙骨30mm×40mm~400mm（或采用细木工板切割板条）	+
8	刷防火涂料二遍（木龙骨和基层板背面）	+
9	吊直、套方、找规矩、弹线	+
10	计算用料，套裁填充料和面料	+
11	粘贴面料	+
12	安装贴脸或装饰边线	+
13	修整软包墙面	+
14	清理成活	+

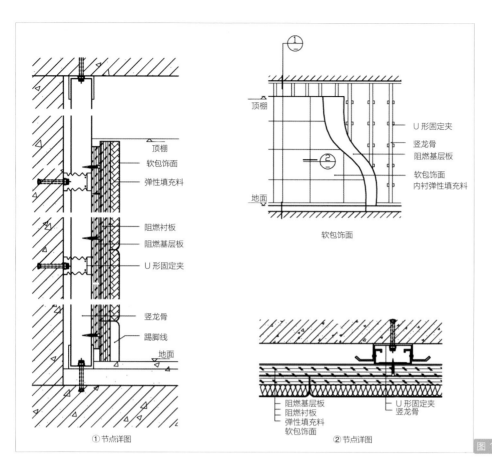

顶棚
软包饰面
弹性填充料

阻燃衬板
阻燃基层板
U 形固定夹

竖龙骨
踢脚线
地面

① 节点详图

顶棚

地面

软包饰面

U 形固定夹
竖龙骨
阻燃基层板
软包饰面
内衬弹性填充料

② 节点详图

阻燃基层板
阻燃衬板
弹性填充料
软包饰面

U 形固定夹
竖龙骨

图 10-68 软包墙面构造

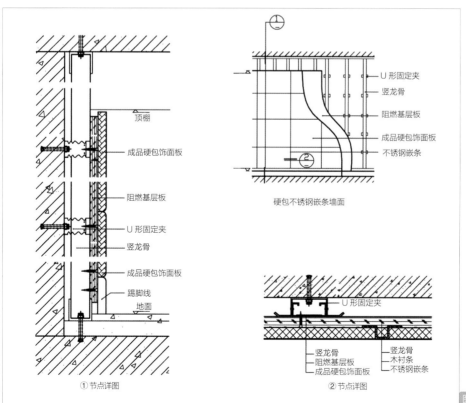

顶棚
成品硬包饰面板

阻燃基层板

U 形固定夹
竖龙骨

成品硬包饰面板
踢脚线
地面

① 节点详图

硬包不锈钢嵌条墙面

U 形固定夹
竖龙骨
阻燃基层板
成品硬包饰面板

② 节点详图

U 形固定夹
竖龙骨
阻燃基层板
成品硬包饰面板
不锈钢嵌条

U 形固定夹

竖龙骨
木衬条
不锈钢嵌条

图 10-69 硬包墙面构造

图 10-70 软包装饰实例

图 10-71 硬包装饰实例

10.5
隔墙、隔断装修施工工艺

隔墙是分隔建筑物内部空间的墙。隔墙也被理解为固定隔断的一种类型，隔墙不承重，一般要求轻、薄，有良好的隔声性能。不同功能房间的隔墙有不同的要求，如厨房的隔墙应具有耐火性能；卫浴空间的隔墙应具有防潮能力。隔墙应尽量便于拆装。隔墙材料有轻质量砖、玻璃砖、玻璃、木材、石膏板等，当然矮墙、柜子、金鱼缸、屏风也可以用来做隔断。隔墙材料需考虑防火、防潮、强度高等诸多需求。

常用隔墙有块材隔墙、轻骨架隔墙和板材隔墙三大类。

隔墙（隔断）根据所用材料不同，可分为龙骨隔断（金属龙骨、木龙骨）、砌筑隔墙（玻璃砖墙、石膏砌块墙、粘图砖墙等）（如图 10-72、10-73）。

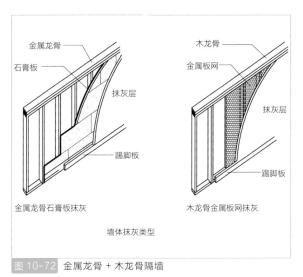

墙体抹灰类型

图 10-72 金属龙骨 + 木龙骨隔墙

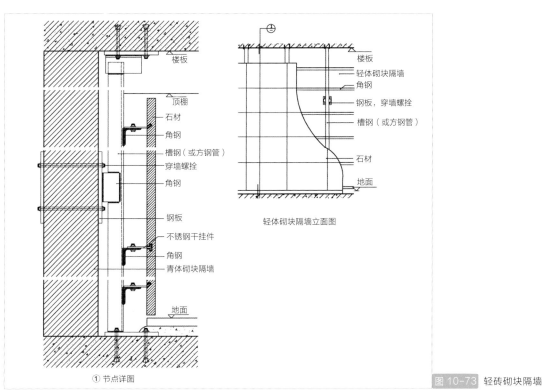

① 节点详图

图 10-73 轻砖砌块隔墙

10.5.1 轻钢龙骨隔墙施工工艺

轻钢龙骨隔墙主要采用轻钢墙体龙骨，骨架内填充具吸声、隔热、保温等作用的岩棉，表面贴装饰面板。纸面石膏板不宜用于厨卫空间及空气相对湿度大于 70% 的潮湿环境（如图 10-74）。

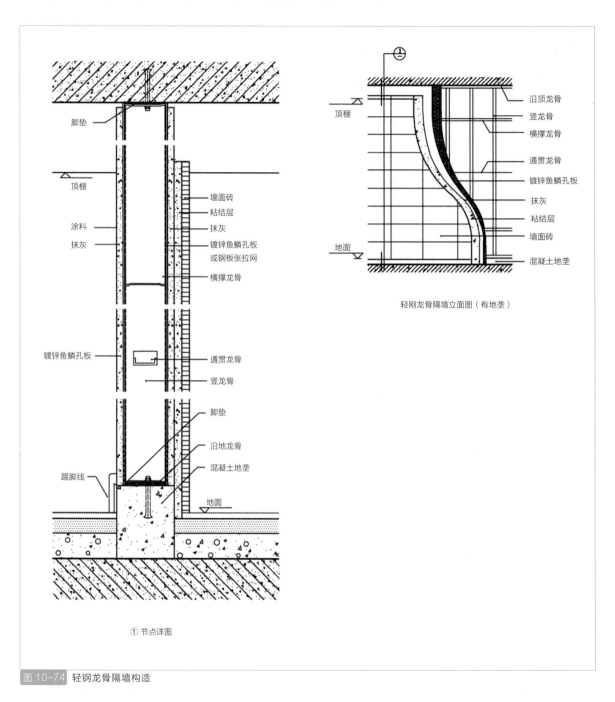

① 节点详图

轻刚龙骨隔墙立面图（有地垄）

图 10-74 轻钢龙骨隔墙构造

表 10-23　轻钢龙骨纸面石膏板隔墙施工工序

项次	工序名称	双面单层纸面石膏板	双面双层纸面石膏板
1	基层处理	+	+
2	沿墙面、地面、顶棚面防线、定位	+	+
3	电锤打孔，安装沿墙龙骨、沿地龙骨、沿顶龙骨	+	+
4	安装竖向主龙骨 600mm（双层板：400mm）	+	+
5	安装门框（竖向主龙骨内嵌木方，外钉细木工板）	+	+
6	安装水平横撑龙骨 1000mm	+	+
7	龙骨骨架中穿管走线（电线）	+	+
8	安装纸面石膏板，自攻丝钉距 160mm，板缝 6mm	+	+
9	填充吸音棉	+	+
10	安装纸面石膏板 1200mm×3000mm×12mm(自下而上)	+	+
11	弹性腻子膏嵌缝	+	
12	白乳胶粘贴 50mm 宽白布条贴缝	+	
13	自攻丝钉眼点两遍防锈漆	+	
14	安装第二层纸面石膏板，与第一层板错缝搭接		+
15	弹性腻子膏嵌缝		+
16	白乳胶粘贴 50mm 宽白布条贴缝		+
17	自攻丝钉眼点两遍防锈漆		+
18	钉中密度踢脚板，外贴饰面板	+	+
19	满刮腻子两遍，砂纸打磨	+	+
20	滚刷乳胶漆（裱糊墙纸）	+	+
21	清理成活	+	+

表 10-24　单排龙骨双层石膏板隔墙限高

项目		竖龙骨规格 / mm	石膏板厚度 / mm	隔墙最大高度 / m		备注
				A	B	
墙体厚度 / mm	00	50×50×0.63	2×12	3.75	2.75	A：适用于住宅、旅馆、办公室、病房及这些建筑物的走廊等；B：适用于会议室、教室、展厅、商场等
	25	70×50×0.63	2×12	4.25	3.75	
	50	100×50×0.63	2×12	5.00	4.50	
	00	150×50×0.63	2×12	6.00	5.50	

10.5.2 木质隔断施工工艺

木质隔断主要是采用木龙骨和木质板材，如胶合板、中密度板等，或纸面石膏板等作为结构和罩面材料。

表 10-25　木隔墙（断）施工工序

项次	工序名称	纸面石膏板	胶合板
1	基层处理	+	+
2	沿墙面、地面、顶棚面放线、定位	+	+
3	安装木龙骨	+	+
4	安装双向龙骨 40mm×60mm~500mm	+	+
5	安装门框（外钉细木工板）	+	+
6	龙骨骨架中穿管走线（电线）	+	+
7	安装纸面石膏板，自攻丝钉距160mm，板缝6mm	+	
8	安装五夹板基层		+
9	安装三夹板饰面层		+
10	填充吸音棉	+	+
11	安装纸面石膏板（自下而上）	+	
12	安装五夹板基层		+
13	安装三夹板饰面层		+
14	弹性腻子膏嵌缝	+	+
15	白乳胶粘贴 50mm 宽白布条贴缝	+	+
16	自攻丝钉眼点两遍防锈漆	+	
17	满刮腻子两遍，砂纸打磨	+	+
18	滚刷乳胶漆（裱糊墙纸）	+	+
19	清理成活	+	+

注：木龙骨和五夹板内测涂刷防火涂料两三遍

10.5.3 玻璃砖隔墙（断）施工工艺

玻璃砖可提供自然采光，兼能隔热、隔声和装饰作用，适用于高级宾馆、体育馆、陈列馆、展览馆及其他公共建筑。

表 10-26　玻璃砖隔断施工工序

项次	工序名称
1	基层处理
2	沿墙面、地面、顶棚面放线、定位
3	安装底脚（踢脚板）
4	安装金属间隔框或木垫块
5	白水泥砂浆砌筑玻璃砖，上下对缝
6	白玻璃胶勾缝
7	清理成活

10.6

楼梯构造

楼梯是建筑中上下通行疏散的主要交通设施，也是室内重点的装修部位。较为常见的楼梯形式有一字形、L形、U形、Z形、螺旋楼梯、双跑楼梯等（如图 10-75~ 图 10-79）。

图 10-75 一字型楼梯

图 10-76 L 型楼梯

图 10-77 U 形楼梯

楼梯的组合方式主要有两种，一是结构楼梯，二是无结构楼梯。结构楼梯主要由踏板、立板、栏杆、扶手及五金配件五个部分组成，有结构楼梯与无结构楼梯安装方式是相同的，主要依靠模块拼接套接方式连接在一起，不同的是无结构楼梯需依附在原有的水泥基础上，无法独立拼装成楼梯。

楼梯的级数一般不大于 18 级，也不能少于 3 级。根据住宅规范的规定，套内楼梯的净宽在一边临空时不应小于 750mm；当两侧有墙时，不应小于 900mm。此外，套内楼梯的踏步宽度不应小于 220mm，高度不应大于 200mm，扇形踏步转角距扶手边 250mm 处，宽度不应小于 220mm。

图 10-78 Z 型楼梯

常见的楼梯有木楼梯、玻璃楼梯、大理石楼梯、钢质楼梯等。楼梯的装饰材料有钢材、石材、玻璃、地毯等（如图 10-80）。

图 10-79 双跑楼梯

图 10-80 钢质楼梯

下列两张楼梯构造图示分别为普通楼梯构造图示和含
踏步灯楼梯构造图示（如图 10-80、10-81）。

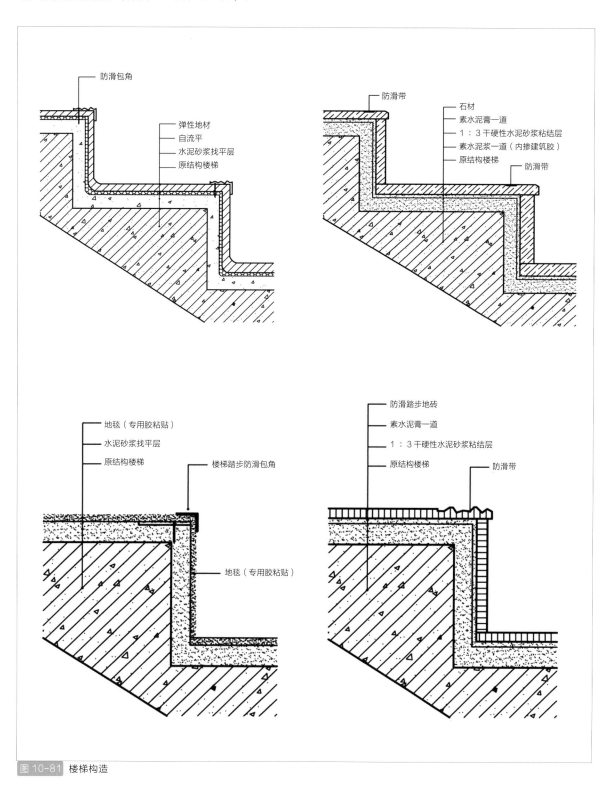

图 10-81　楼梯构造

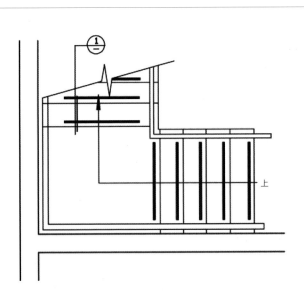

石材踏步平面图（刚楼梯）

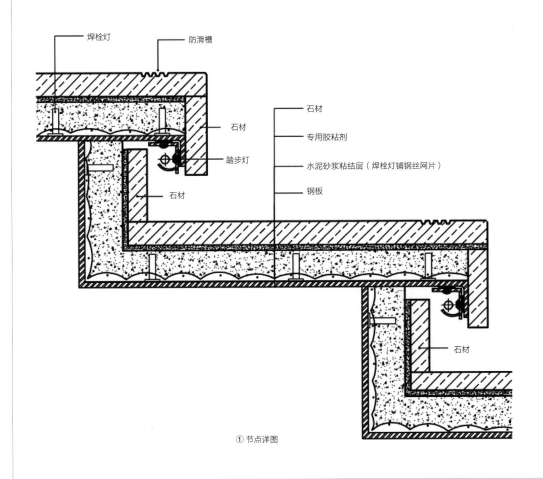

① 节点详图

图 10-82 含踏步灯楼梯构造

参考文献

（1）周长亮 主编《室内装修材料与构造》第三版 华中科技大学出版社 2013 年

（2）霍长平、何彩霞、王珏 主编《建筑装饰构造方法》合肥工业大学出版 2014 年

（3）王葆华、田晓 主编《装饰材料与施工工艺》华中科技大学出版社 2015 年

（4）章迎尔 主编《建筑装饰材料》同济大学出版 2009 年

（5）王淮梁、周晖晖 著《装饰材料与构造》 合肥工业大学出版社 2010 年

（6）郭洪武 主编《室内装饰工程施工技术》中国水利水电出版社 2013 年

（7）傅凯 编著《室内装饰材料与构造》东南大学出版社 2015 年

（8）宫艺兵、赵俊学 编著《室内装饰材料与施工工艺》黑龙江人民出版社 2005 年

（9）何平 《装饰材料》东南大学出版社 2002 年

（10）韩力炜、郭瑞勇 主编《室内设计师必知 100 个节点》江苏凤凰科学技术出版社 2017 年

参考规范与设计标准

（1）《房屋建筑制图统一标准》GB/T50000-2001

（2）《建筑制图标准》GB/T50004-2001

（3）《建筑设计防火规范》GBJ16-1987(2001 年版）

（4）《建筑内部装修设计防火规范》GB/T50222-1995

（5）《高层民用建筑设计防火规范》GB/T50045-1995（2001 年版）

（6）《玻璃幕墙工程技术规范》JGJ102-1996

（7）《复层建筑涂料》GB9779-1988

（8）《实木复合地板》GB/18103-2000

（9）《水溶性内墙涂料》JC/T423-1991

参考相关网站网址

（1）中国建材第一网

（2）中国建材信息网

（3）中国建筑装饰材料网

（4）建材大世界

（5）中国建筑材料及设备索引（天辰建筑网）

（6）中国室内设计网

图书在版编目（CIP）数据

装饰材料与构造 / 解君主编. — 北京: 中国青年出版社，2018.5（2024.1重印）

中国高等院校"十三五"环境设计精品课程规划教材

ISBN 978-7-5153-5095-0

I.①装…　II.①解…　III.①建筑材料—装饰材料—高等学校—教材　②建筑装饰—建筑构造—高等学校—教材　IV. ①TU56 ②TU767

中国版本图书馆CIP数据核字（2018）第091538号

侵权举报电话

全国"扫黄打非"工作小组办公室	中国青年出版社
010-65212870	010-59231565
http://www.shdf.gov.cn	E-mail: editor@cypmedia.com

装饰材料与构造

中国高等院校"十三五"环境设计精品课程规划教材

主　　编：　解君

编辑制作：　北京中青雄狮数码传媒科技有限公司

责任编辑：　张军

助理编辑：　张君娜

书籍设计：　邱宏

出版发行：　中国青年出版社

社　　址：　北京市东城区东四十二条21号

网　　址：　www.cyp.com.cn

电　　话：　010-59231565

传　　真：　010-59231381

印　　刷：　北京博海升彩色印刷有限公司

规　　格：　787mm×1092mm　1/16

印　　张：　9.5

字　　数：　102千字

版　　次：　2018年6月北京第1版

印　　次：　2024年1月第5次印刷

书　　号：　ISBN 978-7-5153-5095-0

定　　价：　54.80元

如有印装质量问题，请与本社联系调换

电话: 010-59231565

读者来信: reader@cypmedia.com

投稿邮箱: author@cypmedia.com

如有其他问题请访问我们的网站: http://www.cypmedia.com